Modellbildung mittels Symbolischer Regression zur Messunsicherheitsbestimmung komplexer Messprozesse

Modelling Complex Measurement Processes Using Symbolic Regression for the Determination of Measurement Uncertainty

Von der Fakultät für Maschinenwesen
der Rheinisch-Westfälischen Technischen Hochschule Aachen
zur Erlangung des akademischen Grades eines
Doktors der Ingenieurwissenschaften
genehmigte Dissertation

vorgelegt von

Tobias Müller

Berichter/in:

Univ.-Prof. Dr.-Ing. Robert Heinrich Schmitt
Univ.-Prof. Dr.-Ing. Ludger Overmeyer

Tag der mündlichen Prüfung: 15. Dezember 2022

Diese Dissertation ist auf den Internetseiten der Universitätsbibliothek online verfügbar.

ERGEBNISSE AUS DER PRODUKTIONSTECHNIK

Tobias Müller

Modellbildung mittels Symbolischer Regression zur Messunsicherheitsbestimmung komplexer Messprozesse

Herausgeber:
Prof. Dr.-Ing. T. Bergs
Prof. Dr.-Ing. Dipl.-Wirt. Ing. G. Schuh
Prof. Dr.-Ing. C. Brecher
Prof. Dr.-Ing. R. H. Schmitt

Band 7/2023

Bibliografische Information der Deutschen Nationalbibliothek
Die Deutsche Nationalbibliothek verzeichnet diese Publikation in der Deutschen Nationalbibliografie; detaillierte bibliografische Daten sind im Internet über https://portal.dnb.de abrufbar.

Tobias Müller:

Modellbildung mittels Symbolischer Regression zur Messunsicherheitsbestimmung komplexer Messprozesse

1. Auflage, 2023

Gedruckt auf holz- und säurefreiem Papier, 100% chlorfrei gebleicht.

Apprimus Verlag, Aachen, 2023
Wissenschaftsverlag des Instituts für Industriekommunikation und Fachmedien an der RWTH Aachen
Steinbachstr. 25, 52074 Aachen
Internet: www.apprimus-verlag.de, E-Mail: info@apprimus-verlag.de

Druck: CPI Druckdienstleistungen GmbH, Ferdinand-Jühlke-Straße 7 I 99095 Erfurt

ISBN 978-3-98555-146-0

D 82 (Diss. RWTH Aachen University, 2022)

Danksagung

Die vorliegende Forschungsarbeit entstand während meiner Zeit als wissenschaftlicher Mitarbeiter am Lehrstuhl für Fertigungsmesstechnik und Qualitätsmanagement des Werkzeugmaschinenlabors WZL der RWTH Aachen im Rahmen des von der DFG geförderten Forschungsprojektes MUKOM - „Aufwandsreduzierte Bestimmung der Messunsicherheit komplexer Messprozesse“ (GZ: SCHM 1856/87-1).

An erster Stelle gilt mein Dank Herrn Professor Dr.-Ing. Robert Schmitt, Inhaber des Lehrstuhls für Fertigungsmesstechnik und Qualitätsmanagements für die Betreuung dieser Forschungsarbeit und die Tätigkeit als Berichter in meinem Promotionsverfahren. Weiterhin danke ich Herrn Professor Dr.-Ing. Ludger Overmeyer, Leiter des Instituts für Transport- und Automatisierungstechnik der Leibniz Universität Hannover für die Übernahme des Koreferats. Dr.-Ing. Walter Kimmelmann, Dr.-Ing. Guido Hüttemann und Dr.-Ing. Amon Göppert danke ich für die Möglichkeiten und herausfordernden Aufgaben, die ich am Lehrstuhl übernehmen und bewältigen durfte.

Für den Einsatz im Rahmen von studentischen Abschlussarbeiten und Tätigkeiten als studentische und/oder wissenschaftliche Hilfskraft möchte ich mich insbesondere bei Jan-Niklas Belunjak, Sebastian Hofmann, Liguo Chen, Alexander Segin, Joa Fiege und Lukas Hermans bedanken.

Ich danke meinen Kolleginnen und Kollegen, deren Zusammenarbeit und Freundschaft mir über so manch schwierige Phase hinweggeholfen haben. Hervorheben möchte ich hierbei Michael Wiederhold und Christoph Voigtmann, die mich über die Betreuung von meinen studentischen Abschlussarbeiten überhaupt erst auf das WZL aufmerksam gemacht haben sowie Jonathan Greipel, Judith Bredemann, Anna-Lena Knott, Ronja Witt, Simon Cramer, Evelina Masliankova und Meike Huber für das gemeinsame Arbeiten in unserer Gruppe. Meike möchte ich insbesondere auch für die zahlreichen Diskussionen und gemeinsamen Arbeiten im Bereich der Messunsicherheitsbestimmung danken. Aline Kluge-Wilkes danke ich für das immer offene Ohr und die vielen gemeinsamen Gespräche. Natalia Grozmani und Lennart Stohrer danke ich für die Unterstützung hinsichtlich der Validierungsversuchen.

Ganz herzlich danke ich meinen Eltern, die mich während meines gesamten Bildungswegs jederzeit unterstützt haben und denen dabei keine Anstrengung zu groß war. Zusammen mit meiner Schwester Svenja stellen sie für mich jeweils Vorbilder in den verschiedensten Bereichen des Lebens dar. Meiner Freundin Sarah möchte ich dafür danken, dass sie immer an mich glaubt und mich motiviert. Sie hat mir den Rückhalt und die Kraft gegeben, die Forschungsarbeit zu vollenden.

Tobias Müller

Kurzfassung

Die Kenntnis und die Bestimmung der Messunsicherheit eines Messprozesses stellt einen elementaren Bestandteil der Fertigungsmesstechnik dar. Nur mittels quantifizierter Messunsicherheit kann die Eignung von Messsystemen bestimmt und das Risiko von Fehlentscheidungen (bspw. in der Konformitätsprüfung von Produkten) angegeben werden. Grobe Abschätzungen der Messunsicherheit zur sicheren Seite führen dazu, dass Spezifikationsgrenzen häufig unnötig stark eingeschränkt werden und so steigende Produktionskosten verursachen. Gleichzeitig steigt aufgrund gestiegener Qualitätsanforderungen und wachsender Variantenvielfalt die Komplexität von Messsystemen und damit auch die Bestimmung der Messunsicherheit. Bei der Bestimmung der Messunsicherheit stellt insbesondere die Modellbildung komplexer Messprozesse eine Herausforderung dar. Ziel ist daher die Erforschung der Erstellung eines validen Modells der Messung zur Messunsicherheitsbestimmung komplexer Messprozesse.

In der Forschungsarbeit werden zunächst die Einflussgrößen eines Messprozesses als Grundlage der Modellbildung untersucht. Über eine Relevanzbewertung mittels Feature Selection Algorithmen wird sichergestellt, dass die ausgewählten Einflussgrößen einen signifikanten Beitrag am funktionellen Zusammenhang haben. Die Integration der Relevanzbewertung ist deshalb von Bedeutung, weil die Integration von irrelevanten Einflussgrößen zu einem Mehraufwand in der Modellbildung als auch in der späteren Quantifizierung der Unsicherheitsbeiträge zur Bestimmung der kombinierten Messunsicherheit führt. Für die Modellbildung selbst, wird die Symbolische Regression näher betrachtet. Untersuchungsgegenstände sind die Integration von Erfahrungswissen, die Reduzierung des Bloating-Effekts sowie die Optimierung der Hyperparameter der Symbolischen Regression. Um die Validität des Modells zu bewerten, ist ein weiteres Verfahren notwendig. Hierbei stellt sich die Herausforderung, dass Versuchsreihen und Modellbildungen bei komplexen Messprozessen sehr aufwändig sind. Dementsprechend kann es vorteilhaft sein, detaillierte Informationen über die Validität des Modells in Teilbereichen des untersuchten Wertebereichs zu erhalten. In der Forschungsarbeit wird ein Regressions-basiertes Verfahren entwickelt, welches die Modellergebnisse mit realen Versuchsergebnissen gegenüberstellt. Über den Abgleich von Konfidenzintervallen kann anschließend eine Aussage darüber getroffen werden, ob das Modell valide, teilweise valide (= valide auf einem bestimmten Teilbereich des Wertebereichs) oder nicht valide ist.

Das Ergebnis der Forschungsarbeit ist ein Verfahren zur White Box Modellbildung mittels Symbolischer Regression, welches insbesondere auf die Herausforderungen der Messunsicherheitsbestimmung komplexer Messprozesse ausgelegt ist. Über eine Relevanzbewertung mittels Kombination aus zwei Wrapper-Methoden, können irrelevante Einflussgrößen gefiltert und der Aufwand von Modellbildung und Messunsicherheitsbestimmung reduziert werden. Weiterhin kann die Validität des Modells messbereichsspezifisch über eine Gegenüberstellung von Modell- und Realdaten und einen Abgleich der Konfidenzintervalle ermittelt werden.

Abstract

The knowledge and the determination of the measurement uncertainty of a measurement process represents an elementary component of production metrology. Only with a quantified measurement uncertainty it is possible to determine the suitability of measurement systems and to indicate the risk of wrong decisions (e.g. in the proof of conformity of products). Rough estimates of the measurement uncertainty on the safe side often lead to unnecessary restrictions of specification limits and thus to rising production costs. At the same time, the complexity of measurement systems and thus also the determination of the measurement uncertainty is increasing due to higher quality requirements and a growing number of product variants. In determining the measurement uncertainty, the modelling of complex measurement processes in particular poses challenges. Therefore, the aim is to investigate the creation of a valid model of the measurement for the determination of the measurement uncertainty of complex measurement processes.

In the research work, the influencing variables of a measurement process are first investigated as a basis for the modelling. A relevance evaluation with feature selection algorithms ensures that the selected influencing variables have a significant contribution to the functional relationship. The integration of the relevance assessment is important, because the integration of irrelevant influence quantities leads to an additional effort in the model building as well as in the later quantification of the uncertainty contributions for the determination of the combined measurement uncertainty. For the modelling itself, the symbolic regression is considered in more detail. Objects of investigation are the integration of prior knowledge, the reduction of the bloating effect as well as the optimization of the hyperparameters of the symbolic regression. In order to evaluate the validity of the model, a further procedure is necessary. The challenge here is that experiments and the model building are very time-consuming for complex measurement processes. Accordingly, it can be advantageous to obtain detailed information about the validity of the model in parts of the investigated value range. In the research work, a regression-based procedure is developed, which compares the model results with real experimental results. By comparing confidence intervals, a statement can then be made as to whether the model is valid, partially valid (= valid for a certain subrange of the value range) or not valid.

The result of the research work is a procedure for white box modelling using symbolic regression, which is especially designed for the challenge of determining the measurement uncertainty of complex measurement processes. Using a relevance evaluation with a combination of two wrapper methods, irrelevant influencing variables can be filtered out and the effort of model building and measurement uncertainty determination can be reduced. Furthermore, the validity of the model can be determined specifically for the measurement range by comparing model and real data and comparing the confidence intervals.

Inhaltsverzeichnis

Abbildungsverzeichnis

Tabellenverzeichnis

Formelzeichen

Symbol	Einheit	Bedeutung
$\widehat{\widehat{\Phi}}_{(.)}$		Mittelwert von $\widehat{\Phi}_{(i)}$
$\widetilde{\mathfrak{y}_n}$		Messsignal
$\widehat{\Phi}$		Schätzer der Stabilität
$\Phi_{KUG,i}$		Untere Grenze des Stabilitätsmaß-Konfidenzintervalls
G_o		Teststatistik des Grubbs-Hypothesentests
I_s		Anzahl der ausgewählten irrelevanten Merkmale
I_t		Anzahl der irrelevanten Merkmale
R^2		Bestimmtheitsmaß
R_s		Anzahl der ausgewählten relevanten Merkmale
R_t		Anzahl der relevanten Merkmale
b_0		Achsenabschnitt der linearen Regression
b_1		Steigung der linearen Regressionsgeraden
s^2		Varianz
$t_{\beta,m}$		β-Quantil einer t-Verteilung mit m Freiheitsgraden
$\hat{\vartheta}$		Schätzung der Einflussgröße
w_i		Gewichtung
$\bar{x}$		Stichprobenmittelwert
x_i		Datenpunkt
$z^*_{\left(1-\frac{\alpha}{2}\right)}$		$(1-\frac{\alpha}{2})$ -Quantile der Standardnormalverteilung
ϵ_i		Residuum
$\mathfrak{R}$		Operator zur Rekonstruktion
Γ		Optimierungskriterium
B		Bandbreite
CI		Konfidenzintervallbreite
DS		Datensatz
D		Dämpfung
G		Signalverstärkung
$G(Z)$		Gewichtung der Knotenzahl
I	A	Strom

K		Komplexität der (simulierten) funktionalen Beziehung
L		Länge des Datensatzes
LEV		Prozentsatz der Variablen mit geringem Einfluss auf die Messgröße
N		Anzahl der Merkmale innerhalb eines Datensatzes
$P(M)$		Wahrscheinlichkeit der Mutation
$P(M)$		Wahrscheinlichkeit der Mutation
RED		Prozentsatz der Variablen mit redundanter Information (mathematisch abhängig)
S	‰	Salzgehalt
S	mm	Solldicke
Suc		Success-Metrik
T	$°C$	Temperatur
U	V	Spannung
Y		Messgröße
a	mm	Abstand
d	mm	Dicke
g		Generationenanzahl
k		Anzahl Individuen
n		Stichprobengröße/Merkmalsanzahl
p		Populationsgröße
r		Pearson Korrelationskoeffizient
t		Zeit(punkt)
$u(y)$		Standardmessunsicherheit
y		Schätzwert der Messgröße
α		Irrtumswahrscheinlichkeit
η		Optischer Brechungsindex
λ	nm	Wellenlänge
μ		Erwartungswert
σ		Standardabweichung
$v(\widehat{\Phi})$		Schätzer der Varianz von $\widehat{\Phi}$

Abkürzungsverzeichnis

ACO	Ant Colony Optimization
ANN	Künstliches neuronales Netz
BO	Bayes´sche Optimierung
CFS	Correlation-Based Feature Selection
CI	Konfidenzintervall
CT	Computertomographie
DoE	Design of Experiments
DS	Datensatz
E	Embedded
F	Filter
FE	Feature Extraction
FEM	Finite Elemente Methode
FS	Feature Selection
GP	Gaußprozess
GUM	Guide to the expression of uncertainty in measurement
JCGM	Joint Committee for Guides in Metrology
LASSO	Least Absolute Shrinkage and Selection Operator
lm	Lineares Regressionsmodell
MAE	Mean Absolute Error
mRMR	Minimum Redundancy Maximum Relevance
MSA	Measurement System Analysis
MSE	Mean Square Error
MW	Mittelwert
OSG	Obere Spezifikationsgrenze
PCA	Hauptkomponentenanalyse
POM	Polyoxymethylene
RMSE	Root Mean Square Error
SFS	Sequential Backward Selection
TPE	Tree-structured Parzen estimators
U	Erweiterte Messunsicherheit

USG	Untere Spezifikationsgrenze
VDA	Verband der Automobilindustrie
VIM	Vocabulaire international de métrologie
W	Wrapper
ZV	Zufallsvariable

1 Messunsicherheit in der Produktionstechnik

„Absolute certainty is a privilege of uneducated minds and fanatics – It is, for scientific folk, an unattainable ideal“

C. J. KEYSER

Als elementarer Bestandteil der Produktionstechnik beschreibt die Fertigungsmesstechnik alle Tätigkeiten, welche mit dem Messen und Prüfen von industriell hergestellten Produkten verbunden sind (Pfeifer und Schmitt 2010, S. 1). Aufgrund der einfach zu berechnenden Kosten, aber einem häufig schwer zu bestimmenden Nutzen, leidet die Fertigungsmesstechnik unter dem Stigma, nicht produktiv zu sein. Nachweislich führt sie jedoch nicht nur dazu, dass Informationen gewonnen werden, sondern auch dazu, dass aus diesen Informationen Wissen und Know-How entsteht. (Kunzmann et al. 2005, S. 157) Abbildung 1-1 beschreibt die Zusammenhänge zwischen einem einfachen Sammeln von Detailinformationen einer Messung, der Bildung von übergeordneten und komplexen Zusammenhängen sowie dem übergeordneten Know-How.

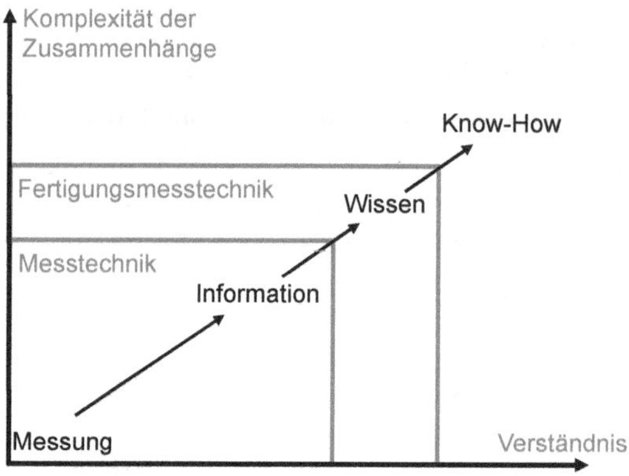

Abbildung 1-1 Gewinn von Wissen und Know-How als Ergebnis von steigenden Erfahrungswerten und dem Verständnis komplexer Zusammenhänge nach (Kunzmann et al. 2005, S. 157)

Die im Rahmen der Hannover-Messe 2011 ausgerufenen Industrie 4.0 (Kagermann et al. 2011) beschreibt sowohl das Bilden cyber-physischer Systeme, das Konzept des Internet of Things als auch den Anstieg der eingesetzten Roboter und Messtechnik. (Taymanov und Sapozhnikova 2018, S. 1) Ein Fokus von Industrie 4.0 Initiativen ist die flexible Gestaltung der Produktion, um dem steigenden Bedarf an individualisierten Produkten und schwankenden Losgrößen ökonomisch sinnvoll begegnen zu können. Cyber-physische Systeme verbinden hierbei reale, physische Objekte und Prozesse mit informationsverarbeitenden, virtuellen Objekten und Prozessen. Diese Verbindung ermöglicht es effizient auf geänderte Anforderungen in der Produktion zu reagieren, indem die über Messsysteme aufgenommene reale Welt mit einem virtuellen Planungsmodell verknüpft wird und Änderungen abgeleitet werden können. Es bestehen dementsprechend hohe Anforderungen an die eingesetzten Messsysteme, da sie die Entscheidungsgrundlage für Änderungen darstellen und somit maßgeblich die Ergebnisgüte beeinflussen. (Imkamp et al. 2016, S. 325–326) Ein Maß, um die Güte und die anwendungsfallspezifische Eignung von Mess- und Prüfsystemen zu bewerten, ist die Messunsicherheit.

1.1 Notwendigkeit der Messunsicherheitsbestimmung

Aufgrund der steigenden Bedeutung der Fertigungsmesstechnik, der Mess- und Prüfsysteme steigen auch die Anforderungen an die Güte selbiger. Das Zitat von KEYSER zu Beginn der Dissertation macht deutlich, dass es objektiv betrachtet keine absolute Sicherheit gibt. Die absolute Sicherheit stellt ein angestrebtes, aber nicht erreichbares Ziel von Wissenschaftlern dar. Aus der Überlegung, dass es keine absolute Sicherheit gibt, leitet sich aus der Stochastik ab, dass auch jede Messung inhärent unsicherheitsbehaftet ist (Mueller et al. 2020, S. 494). Die Unsicherheit einer Messung definiert sich als Messunsicherheit; ein "nichtnegativer Parameter, der die Streuung der Werte kennzeichnet, die der Messgröße auf der Grundlage der benutzen Informationen beigeordnet ist" (JCGM 200:2012, S. 25) und beschreibt das fehlende exakte Wissen über die Messgröße (Possolo 2013, S. 1). Werden Aussagen aus unsicherheitsbehafteten Messungen abgeleitet, sind diese ebenfalls mit einer Unsicherheit behaftet und können zu fehlerhaften Entscheidungen führen (Lira 1999, S. 397).

Als klassisches Beispiel für die Relevanz der Messunsicherheitsbestimmung gilt die Konformitätsprüfung von Produkten (z. B. nach DIN EN ISO 14253-1), bei der die gemessenen Qualitätsmerkmale mit der vorgegebenen Spezifikation verglichen werden. Befinden sich Messwerte von Merkmalen nahe der Spezifikationsgrenzen, kann jedoch bei einer hohen Messunsicherheit nicht eindeutig entschieden werden, ob das Merkmal innerhalb oder außerhalb der Spezifikationsgrenzen liegt. In Abbildung 1-2 wird die Problemstellung verdeutlicht. Der Breite des Bereichs, in dem eine sichere Entscheidung getroffen werden kann, nimmt bei steigender Messunsicherheit proportional ab.

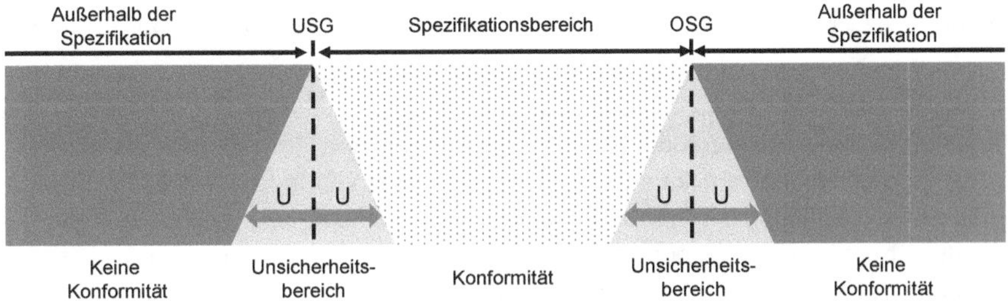

Abbildung 1-2 Darstellung des Unsicherheitsbereichs um die Spezifikationsgrenzen nach DIN ISO 14253-1 (DIN EN ISO 14253-1:2018-07, S. 8–10); U: Erweiterte Messunsicherheit; USG: Untere Spezifikationsgrenze; OSG: Obere Spezifikationsgrenze

Nahe der Spezifikationsgrenzen liegt somit ein erhöhtes Risiko für Fehlentscheidungen in Form von α- und β-Fehlern vor. Ein α-Fehler bedeutet für die Produktion ein Bauteil, welches tatsächlich innerhalb der Spezifikation liegt, jedoch als Ausschuss gekennzeichnet wird. Ein β-Fehler beschreibt ein fehlerhaftes Bauteil, welches nicht als ein solches erkannt wurde (Tabelle 1-1). β-Fehler führen dazu, dass fehlerhafte Bauteile an Kunden weitergegeben oder fehlerhafte Zwischenprodukte weiter verbaut werden. (Lira 1999, S. 398–399) Beide Fälle können, je nach Produktions- und Fehlerkosten, zu einem hohen wirtschaftlichen Schaden führen (VDA Band 5, S. 11).

Tabelle 1-1 Darstellung das α- und β-Fehlers in der Produktion

Realität / Messung	Innerhalb der Spezifikationsgrenzen	Außerhalb der Spezifikationsgrenzen
Innerhalb der Spezifikationsgrenzen	Korrekte Entscheidung	β-Fehler
Außerhalb der Spezifikationsgrenzen	α-Fehler	Korrekte Entscheidung

Ist die Messunsicherheit nicht bekannt, kann folglich das Risiko für Fehlentscheidungen nicht abgeschätzt oder kontrolliert werden. Aus diesem Grund sind Messungen ohne die Angabe einer Messunsicherheit wertlos (Keferstein et al. 2018, S. 34). Die Bestimmung der Messunsicherheit wird von zahlreichen Normen gefordert. Viele Normen legen zudem Grenzwerte für die Messunsicherheit fest, anhand derer die Eignung des Mess- oder Prüfprozesses bewertet werden kann. (AIAG 2010; ISO 22514-7; VDA Band 5) Vor allem bei der Prüfung von sicherheitskritischen Merkmalen wird die Einhaltung dieser Grenzwerte auch immer häufiger von Kunden eingefordert. Um trotz der Unsicherheit der Messergebnisse die Produktkonformität sicherstellen zu können, wird in der Produktion bei geometrischen Merkmalen gemäß DIN EN ISO 14253-1 der Spezifikationsbereich eingeschränkt (s. Abbildung 1-2). Eine sehr konservative Abschätzung der Messunsicherheit nach oben führt folglich dazu, dass die verbleibende Fertigungstoleranz unter Umständen unnötig stark eingeschränkt, was zu erhöhten Kosten in der Herstellung führt. (Keferstein et al. 2018, S. 34)

1.2 Forschungsmethodik und Aufbau der Dissertation

Die Arbeiten in dieser Dissertation basieren auf den Prinzipien der angewandten Forschung und werden, im Gegensatz zur Grundlagenforschung, durch ein ungelöstes Problem der Praxis motiviert. Ziel ist es, über die Forschung Wissen zu erlangen und Lösungen zu erarbeiten, um ein unmittelbares Problem, mit dem eine Gesellschaft oder eine Industrie-/Unternehmensorganisation konfrontiert ist, zu lösen. (Kothari 2004, S. 1–3)

Für die Suche nach Lösungen für Problemstellungen aus der industriellen Praxis bietet ULRICH eine generalisierte Forschungsmethodik in der angewandten Forschung (Ulrich

1981). Die Forschungsmethodik basiert auf bestehenden Theorien sowie Konzepten und bildet das Grundgerüst für die Struktur dieser Dissertation. In Abbildung 1-3 wird dargestellt, wie die Inhalte der Arbeit sich, in Anlehnung an die Forschungsmethodik nach ULRICH, strukturieren.

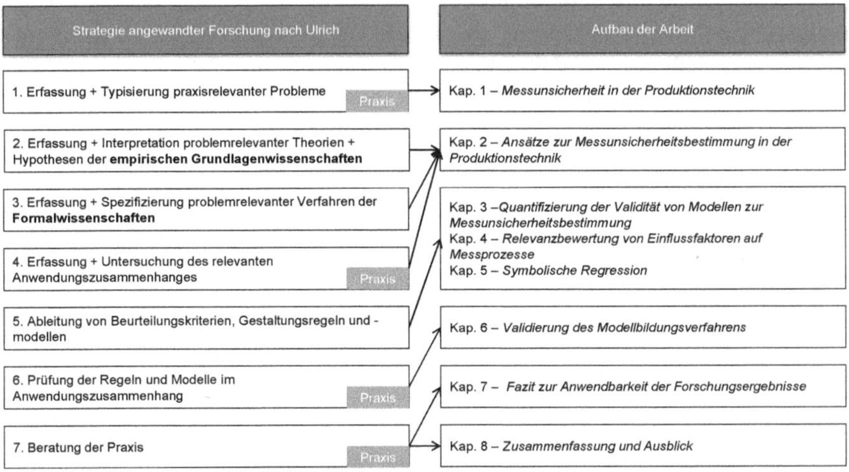

Abbildung 1-3 Aufbau der Arbeit in Anlehnung an die Forschungsmethodik nach ULRICH

Die Forschungsarbeiten und -ergebnisse, welche in dieser Dissertation beschrieben werden, ordnen sich den acht Prinzipien der guten wissenschaftlichen Praxis nach BARGHEER UND SCHMIDT unter – Ehrlichkeit, Verlässlichkeit, Objektivität, Unabhängigkeit, Offene Kommunikation, Sorgfaltspflicht, Fairness und Verantwortung für nachwachsende Wissenschaftlergenerationen (Bargheer und Schmidt 2015, S. 2). Dies bedeutet, dass die Forschungsergebnisse ehrlich, mit Verweisen auf die verwendeten Methoden und Prozesse sowie ohne Verzerrungen unter höchster Sorgfalt erarbeitet wurden und dargestellt werden. Alle Interpretationen und Schlüsse basieren auf Daten und Fakten, sind transparent dargestellt und frei von ideologischen, politischen oder ökonomischen Interessen. Die wissenschaftliche Argumentation kann jederzeit nachvollzogen und geprüft werden. Über die Publikation der Dissertation werden die Ergebnisse für die Fachgemeinschaft und der allgemeinen Öffentlichkeit zugänglich. Alle verwendeten Vorarbeiten werden unter Berücksichtigung der Rechte und Interesse des jeweiligen Urhebers referenziert. Die in den Forschungstätigkeiten gewonnenen Erkenntnisse und Expertisen wurden zudem genutzt, um jungen Wissenschaftlerinnen und Wissenschaftlern in ihren Forschungsvorhaben zu unterstützen. (Bargheer und Schmidt 2015)

2 Ansätze zur Messunsicherheitsbestimmung in der Produktionstechnik

Das Resultat einer Messung setzt sich zusammen aus einem Messergebnis in Verbindung mit einer Messunsicherheitsangabe (und der entsprechenden Einheit der Messgröße). Die Messunsicherheit wird über etwaige Messabweichungen, welche in zufällige und systematische Messabweichungen unterteilt werden, bestimmt (Abbildung 2-1). (Hernla 1996, S. 1157) Zufällige Messabweichungen entstehen durch stochastische Variationen in einer Messung und können nicht kompensiert werden. Systematische Messabweichungen beschreiben den Versatz zwischen dem Mittelwert der Messergebnisse und dem wahren Wert der Messung. Sie können ebenfalls nicht vollständig kompensiert, im Gegensatz zu zufälligen Messabweichungen jedoch in vielen Fällen reduziert werden. Basieren die systematischen Messabweichungen auf einem bekannten systematischen Effekt, so kann der Effekt korrigiert werden. Nach der Korrektur kann davon ausgegangen werden, dass der Erwartungswert des systematischen Effekts gleich null ist. Da der wahre Wert der Messung jedoch in jedem Fall unbekannt ist, sind entsprechende Korrekturen ebenfalls mit einer Unsicherheit versehen und gehen in die Messunsicherheit mit ein. (JCGM 100:2008, S. 5)

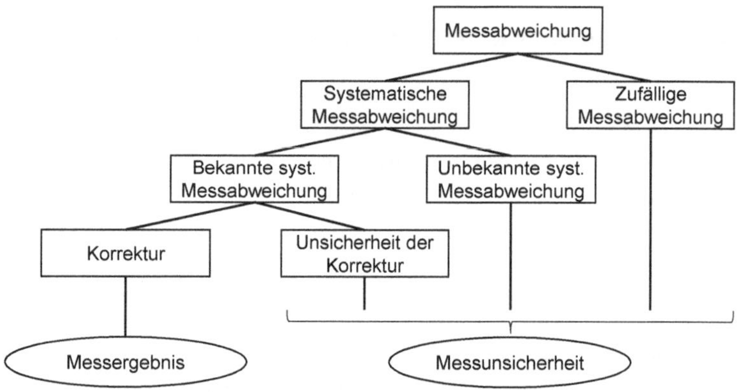

Abbildung 2-1 Systematische und zufällige Anteile der Messabweichungen nach (Hernla 1996)

Zur systematischen Bestimmung der Messunsicherheit existieren verschiedene Vorgehensweisen. Betrachtet man den allgemeinen Ablauf einer Messunsicherheitsbestimmung, so ist dieser bei den meisten in der Industrie gängigen Normen und Richtlinien jedoch ähnlich (Abbildung 2-2). Zunächst werden der Messprozess und alle möglichen Einflussgrößen beschrieben. Der Messprozess besteht aus der Kombination vorherrschender Randbedingungen, der Messgröße und dem Messmittel (VDI/VDE 2600 Blatt 1). Die Messgröße entspricht gemäß *Internationalem Wörterbuch der Metrologie* (VIM) der „Größe, die gemessen werden soll“ (JCGM 200:2012, S. 17). Hierbei ist es für die Spezifikation der Messgröße erforderlich, dass die Größenart bekannt ist. Dies beinhaltet die „Beschreibung des Zustandes des Phänomens, des Körpers oder der Substanz als Träger der Größe einschließlich aller relevanten Komponenten und beteiligten chemischen Betrachtungseinheiten“ (JCGM 200:2012, S. 17). Im zweiten Schritt werden die in Schritt 1 identifizierten Einflussgrößen auf den Messprozess auf die *relevanten* Einflussgrößen eingegrenzt. Je nach Norm und Richtlinie gibt es Unterschiede. In einigen Fällen, wie z. B. der VDA 5 (VDA Band 5), werden die Einflussgrößen vorgegeben. Beim Hauptdokument des GUM (Guide to the expression of uncertainty in measurement) (JCGM 100:2008) sind die relevanten Einflussgrößen durch den Anwendenden selbst zu bestimmen. Ebenfalls eigenständig zu bestimmen ist die valide Abbildung des funktionalen Zusammenhangs in einem Modell der Messung (Schritt 3). Bei der Modellbildung wird zwischen Verfahren unterschieden, die ein Modell vorgeben (VDA 5, Anwendungsspezifische Normen wie z. B. DIN EN ISO 15530-3 zur Messunsicherheitsbestimmung von Koordinatenmessgeräten (DIN EN ISO 15530-3)) und solchen, die eine eigene Modellbildung erfordern (z. B. (JCGM 100:2008)). Abschließend wird die Messunsicherheit für den spezifischen Messprozess bestimmt. Grundsätzlich kann man hierbei zwischen einer experimentellen und einer analytischen Bestimmung der Messunsicherheit unterscheiden. Beide Arten der Messunsicherheitsbestimmung basieren auf Wahrscheinlichkeitsverteilungen. Bei der experimentellen Messunsicherheitsbestimmung erlangt man die Wahrscheinlichkeitsdichtefunktion über eine Reihe von Wiederholversuchen. Die Messunsicherheit wird über die aus der Wahrscheinlichkeitsdichtefunktion hervorgehenden statistisch geschätzten Varianz s^2 bestimmt. Die positive Quadratwurzel der Varianz entspricht der empirischen Standardabweichung und wird als Standardunsicherheit interpretiert. Bei der analytischen Messunsicherheitsbestimmung wird die Standardabweichung über bestehendes Wissen (z. B. Literatur, vorgegangene Versuche oder Kalibrierscheine) geschätzt und kann direkt als Standardunsicherheit interpretiert werden. (JCGM 100:2008, S. 10–14)

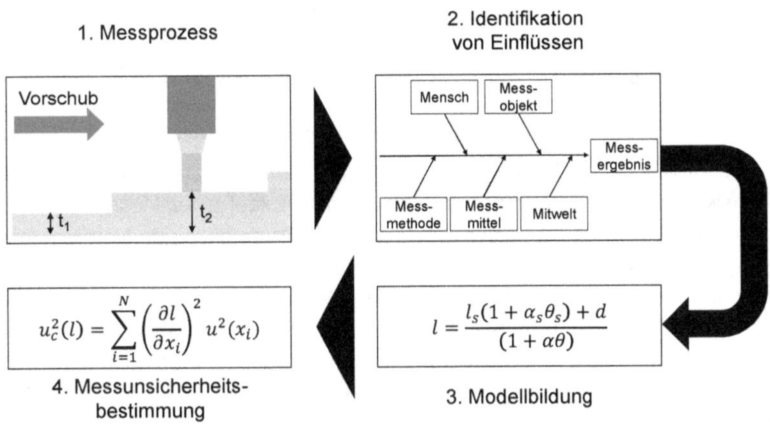

Abbildung 2-2 Allgemeiner Ablauf einer Messunsicherheitsbestimmung

2.1 Betrachtungsraum der Forschungsarbeiten

Das Forschungs- und Anwendungsgebiet der Messunsicherheitsbestimmung umfasst diverse Branchen, Forschungsgebiete und Anwendungsfelder. Jedes Forschungs- und Anwendungsgebiet hat unterschiedliche Schwerpunkte in den Forschungsgegenständen und stellt unterschiedliche Anforderungen an Neuentwicklungen in dem Gebiet. Für die Untersuchungen der vorliegenden Forschungsarbeit wird der Betrachtungsraum entsprechend eingegrenzt.

Für die Eingrenzung des Betrachtungsbereichs wird zunächst die Messung und die Messgröße selbst näher betrachtet. Hierbei kann zwischen dynamischen Messungen und statischen Messungen unterschieden werden (Rossi et al. 2019, S. 1344). Dynamische Messprozesse sind Messprozesse, bei denen sich die Messgröße über die Zeit verändert (Eichstädt 2012, S. 8). Statische Messprozesse haben, bei unveränderten Messbedingungen, eine zeitlich konstante Messgröße. Die vorliegende Arbeit betrachtet ausschließlich statische Messgrößen. Dies schließt die auf den Messprozess wirkenden Einflussgrößen mit ein.

Die Messgröße selbst kann weiterhin eine physikalische oder chemische Größe sein. In der Chemie wird die Messgröße häufig auch als Analyt bezeichnet (JCGM 200:2012). Die vorliegende Arbeit fokussiert physikalische Messgrößen, wie z. B. geometrische Messgrößen. Die Anwendung der Forschungsergebnisse auf chemische Messgrößen wird nicht grundsätzlich ausgeschlossen und ist im Einzelfall zu prüfen, wird jedoch in den Untersuchungen nicht weiter betrachtet und validiert. Übergreifend wird vorausgesetzt, dass Messgrößen einzeln untersucht werden. Das heißt, dass Messungen lediglich einen Output liefern und es sich somit um skalare Messgrößen handelt. Zudem wird davon ausgegangen, dass die Messgröße, aber nicht zwingend die Einflussgrößen, intervallskaliert sind. Komplexwertige Größen in Messgröße oder Einflussgrößen werden in der Forschungsarbeit nicht betrachtet.

Der Forschungsschwerpunkt dieser Arbeit ist die Modellbildung zur Messunsicherheitsbestimmung komplexer Messprozesse. Komplexe Messprozesse definieren sich darüber, dass kein standardisiertes metrologisches Modell anwendbar ist (Schmitt und Lose 2011, S. 28–31). Indikatoren für einen komplexen Messprozess sind nach VDI/VDE 2600 Blatt 2 zusätzlich:

- Eine inhomogene Messunsicherheit über den Parameterraum,
- eine Vielzahl an Einflussgrößen,
- ein nicht-lineares mathematisches Modell,
- die indirekte Erfassung des Prüfmerkmals durch Hilfsmittel oder besondere Auswerteverfahren,
- ein veränderliches Messobjekt,
- die Unmöglichkeit einer Rückführung auf die gesetzlichen Einheiten und
- die Unmöglichkeit von Wiederholmessungen.

Die beschriebenen Indikatoren führen dazu, dass die Anwendbarkeit bestehender Richtlinien und Normen wie die VDA 5 oder die MSA nicht gegeben ist. (VDI/VDE 2600-2, S. 3)

Bei der Analyse des Stands der Technik und Forschung werden zunächst alle Verfahren betrachtet, welche prinzipiell die Eingrenzungen der Eigenschaften von den Messgrößen berücksichtigen. Anschließend wird bewertet, ob das jeweils betrachtete Verfahren auch für komplexe Messprozesse anwendbar sind.

2.2 Bestehende Verfahren zur Messunsicherheitsbestimmung

Den allgemeinen Schritten der Messunsicherheitsbestimmung aus Abbildung 2-2 folgend, aber diese jeweils unterschiedlich ausgestaltend, existieren im Produktionsumfeld verschiedene Normen und Richtlinien. Hierbei ist zwischen allgemeingültigen Normen/Richtlinien ohne Einschränkung des Gültigkeitsbereichs (GUM, VDI/VDE 2600 Blatt 1 und VDI/VDE 2600 Blatt 2), vereinfachenden Normen/Richtlinien mit eingeschränktem Gültigkeitsbereich (VDA 5, MSA, ISO22514-7) und anwendungsspezifischen Normen/Richtlinien (z. B. DIN EN ISO 15530-3) zu unterscheiden.

GUM

Der GUM (Hauptdokument; (JCGM 100:2008)) sowie seine beiden Erweiterungen (JCGM 101:2008; JCGM 102:2011) gelten als wissenschaftlicher Standard für die Bestimmung der Messunsicherheit. Im GUM-Hauptdokument wird ein Verfahren zur Quantifizierung aller Einflüsse auf einen Messprozess und zur Verrechnung zu einer Messunsicherheitsangabe für den gesamten Messprozess beschrieben (Mueller et al. 2020, S. 496–497). Die Berechnungen basieren auf Informationen über den Messprozess, den Eingangsgrößen sowie den Parametern, welche Einfluss auf das Messergebnis haben (Sommer et al. 2009, S. 339). Durch die Berücksichtigung aller Einflüsse und einer Messunsicherheitsangabe, welche auf zufälligen sowie systematischen Effekten beruht, wird es als konsistentes Verfahren gesehen, welches für beliebige Messprozessen zu validen Ergebnissen führt (Bich et al. 2012, S. 702–705).

In (JCGM 104:2009) wird das Vorgehen in eine Formulierungs- und eine Berechnungsphase unterteilt. In der Formulierungsphase wird der funktionale Zusammenhang in einem Modell der Messung abgebildet; in der Berechnungsphase wird basierend auf dem Modell die kombinierte Messunsicherheit des Messprozesses bestimmt. Die Formulierungsphase untergliedert sich in vier Schritte. Die vier Schritte entsprechend den ersten drei Schritten aus Abbildung 2-2 – Identifizierung des Messprozesses inkl. der Messgröße Y; Festlegung der Einflussgrößen/Eingangsgrößen, von denen das Modell abhängig ist; Entwicklung eines Modells der Messung, welches die Eingangsgröße und die Messgröße in Beziehung setzt – und ergänzen diese um die Zuordnung von Wahrscheinlichkeitsverteilungen der Eingangsgrößen. (JCGM 104:2009, S. 9–10)

Da weder das Hauptdokument des GUM, noch die beiden Erweiterungen (Supplement 1 und Supplement 2) Hilfestellungen zur Modellbildung liefern, wurden im GUM Part 6 Beispiele zur Modellbildung gesammelt (JCGM GUM-6:2020). Ziel der Richtlinie ist die

Unterstützung der Anwendenden bei der Entwicklung und Nutzung von Modellen für die Messunsicherheitsbestimmung. Die Richtlinie orientiert sich an dem allgemeinen Vorgehen zur Erstellung eines Modells (Schritt 1-3 in Abbildung 2-2). Für die Wahl der anwendungsbezogen besten Form des Modells werden verschiedene Kriterien aufgeführt (u. a. Zielmessunsicherheit, Einfachheit, Wertebereich der Messung und Berechnungsaufwand) (JCGM GUM-6:2020, S. 13–14). Bei der Modellbildung unterscheidet die Richtlinie zwischen analytischer, experimenteller und hybrider Modellbildung. Für jede Modellierungsart werden Beispiele beschrieben, welche das allgemeine Vorgehen verdeutlichen. (JCGM GUM-6:2020, S. 9–57)

Die Berechnungsphase entspricht dem vierten Schritt aus Abbildung 2-2 – der Bestimmung der (kombinierten) Messunsicherheit über die Gaußsche Fehlerfortpflanzung. Die Berechnungsphase besteht aus der Bestimmung des Erwartungswertes der Messgröße Y als Schätzwert y, der Standardabweichung von y als Standardmessunsicherheit $u(y)$, die y beigeordnet ist und ein Überdeckungsintervall, das Y mit einer festgelegten Überdeckungswahrscheinlichkeit enthält. In der Praxis wird häufig ein 95%-Intervall gewählt. (JCGM 104:2009, S. 10–11)

Der GUM mit seiner allgemeinen Vorgehensweise bietet unabhängig vom spezifischen Messprozess auch für komplexe Messprozesse eine Möglichkeit, eine valide Messunsicherheitsangabe zu gewinnen. Die Durchführung bedarf jedoch aufgrund der fehlenden Hilfestellungen in der Identifikation und Relevanzbewertung von Einflussgrößen sowie der Modellbildung ein hohes Maß an Expertenwissen. Mit der Veröffentlichung des Part 6 des GUM adressiert das JCGM die Kritik, dass hinsichtlich der Modellbildung keine Hilfestellungen gegeben werden, obwohl das Modell der Messung die Grundlage für die Messunsicherheitsbestimmung ist. Die Richtlinie orientiert sich an einem allgemeinen Vorgehen zur Modellbildung in der Messunsicherheitsbestimmung und stellt zu den einzelnen Schritten Beispiele als Orientierung für den Anwender bereit. Enthalten sind neben Beispielen zu verschiedenen Modellierungsverfahren auch Sonderfälle wie die Modellierung von Zeitreihen oder stochastische Modellierungen. Insgesamt bietet der GUM Part 6 zwar erste Hilfestellungen für Anwendende, setzt jedoch gleichzeitig ein hohes Maß an Methoden- und Expertenwissen voraus. Dies ist insbesondere dadurch begründet, dass kein einheitliches Verfahren zur Modellbildung zur Verfügung gestellt wird und somit jeweils die vorgestellten Beispiele auf den entsprechenden Anwendungsfall übertragen werden müssen. Insbesondere für komplexe Messprozesse stellt die Übertragung eine nicht triviale Herausforderung dar.

Vereinfachte Verfahren zur Messunsicherheitsbestimmung

Zur Reduzierung des für die Messunsicherheitsbestimmung benötigten Aufwands und des Expertenwissens wurden vereinfachte Verfahren mit eingeschränktem Gültigkeitsbereich entwickelt, welche gezielt den Einsatz von Expertenwissen über die Messprozesse nutzen. (Müller et al. 2019) Dies sind zum einen allgemeine Verfahren, welche vereinfachte Modelle verwenden, und zum anderen anwendungsspezifische Verfahren, welche angepasste Modelle verwenden, aber nur für spezifische Messprozesse verwendet werden können. Allgemeingültige Verfahren sind das Verfahren der Measurement System Analysis (MSA) und das Verfahren der VDA 5, welches später in das Verfahren der ISO 22514-7 aufgenommen wurde. Alle drei Verfahren sind weniger aufwändig in der Durchführung und benötigen weniger methodisches sowie physikalisch-technisches Expertenwissen, da sie lediglich vorgegebene Unsicherheitskomponenten betrachten und einfache, lineare mathematische Modelle den Berechnungen zu Grunde legen. In weiterführenden Forschungsarbeiten konnten die Unsicherheitskomponenten messprozessspezifisch erweitert werden. Ein Beispiel hierfür ist die Messunsicherheitsbestimmung einer Lock-in Thermographie Messung zur Charakterisierung von CFK Schäden in (Ekanayake 2019). Ekanayake erweitert die betrachteten Einflussgrößen und das lineare Modell der Messung aus der VDA 5 um messprozessspezifische Einflussgrößen wie dem Einfluss der Schadensgröße und dem Faseraufbau. In der Forschungsarbeit konnte gezeigt werden, dass auch Messprozesse mit einer Vielzahl von Einflussgrößen über die vereinfachten Verfahren abbildbar sind. Da jedoch auch die Forschungsarbeiten von Ekanayake auf einem linearen Modell der Messung beruhen, können keine komplexen nicht-linearen Zusammenhänge abgebildet werden.

Anwendungsspezifische Verfahren werden gezielt für einen Messprozess entwickelt. Für den jeweiligen Messprozess wird so der Gültigkeitsbereich nicht (zwangsläufig) eingeschränkt. Sie geben z. B. das Modell der Messung vor oder beschreiben, welche Einflussgrößen betrachtet und wie die Unsicherheiten der Einflussgrößen zu quantifizieren sind. Die Hilfestellungen ermöglichen es, eine Messunsicherheitsbestimmung (für den spezifischen Messprozess) aufwandsarm und ohne ein hohes Maß an Expertenwissen durchzuführen. Ein Beispiel für die Ermittlung der Messunsicherheit von Koordinatenmessgeräten ist die DIN EN ISO 15530-3 und für die Unsicherheitsbestimmung bei Fluiden die DIN V 19218. Eine Übertragung der Verfahren auf Messprozesse, die von dem ursprünglichen Betrachtungsraum des Verfahrens abweichen, oder eine Verallgemeinerung sind nicht oder nur mit großem Aufwand möglich.

VDI/VDE 2600 Blatt 1 und 2

Eine Sonderstellung unter den Normen und Richtlinien nimmt die Richtlinienreihe VDI/VDE 2600 ein. Im ersten Blatt der Richtlinienreihe wurde erstmals ein risikobasiertes Vorgehen zur Erstellung von Eignungsnachweisen entwickelt. Die Richtlinie VDI/VDE 2600-1 verweist, je nach Risikoklasse, auf einen Einzelnachweis über eines der oben beschriebenen Verfahren (GUM, VDA 5, MSA), einen repräsentativen Eignungsnachweis in Abhängigkeit eines bestimmten Parameterraums, eine Abschätzung der Eignung von variablen Prüfprozessen über Fehlergrenzen oder auf einen stark vereinfachten Nachweis der Eignung über die Prozessfähigkeit. Die risikobasierte Wahl des Eignungsnachweises kann zu einer deutlichen Aufwandsreduzierung führen, vor allem wenn Messprozessen die niedrigste Risikoklasse zugeordnet wird. Aus diesem Grund wird die Richtlinie häufig in der Industrie genutzt, wenn die Eignung einer Vielzahl von Mess-/Prüfprozessen nachzuweisen ist. (VDI/VDE 2600 Blatt 1)

Das zweite Blatt der Richtlinienreihe betrachtet gezielt *komplexe Messprozesse* und stellt hierfür ein allgemeingültiges Vorgehen zur Messunsicherheitsbestimmung zur Verfügung. Indikatoren für einen komplexen Messprozess sind hierbei die in Kapitel 2.1 genannten Eigenschaften. Bisherige Normen und Richtlinien sind für komplexe Messprozesse in vielen Fällen nicht anwendbar (VDA 5, ISO22514-7, MSA), sind nur für einen spezifischen Messprozess anwendbar (anwendungsspezifische Normen) oder sind mit einem erhöhten Aufwand und einem hohen Maß an Expertenwissen verbunden (GUM). Die VDI/VDE 2600-2 ist die erste Richtlinie, welche sich speziell mit der Thematik der komplexen Messprozesse beschäftigt und gezielt Hilfestellungen für die Messunsicherheitsbestimmung liefert.

Das Vorgehen der VDI/VDE 2600-2 orientiert sich ebenfalls an dem allgemeinen Vorgehen zur Messunsicherheitsbestimmung aus Abbildung 2-2 und ergänzt die Modellbildung um die Modellverifizierung und -validierung. Die fünf Schritte zur Bestimmung der Messunsicherheit nach VDI/VDE 2600-2 sind folglich:

1. Beschreibung des Messprozesses und Bestimmung möglicher Einflussgrößen
2. Identifikation relevanter Einflüsse als Eingangsgröße für das Modell
3. Modellbildung
4. Modellverifizierung und Modellvalidierung
5. Bestimmung der Messunsicherheit

Das bestehende Verfahren der VDI/VDE 2600-2 bildet die aktuell einzige spezifisch auf komplexe Messprozesse ausgelegte Richtlinie. Da das Vorgehen der Richtlinie prinzipiell alle Aspekte zur Messunsicherheitsbestimmung komplexer Messprozesse berücksichtigt, bildet die VDI 2600-2 die Grundlage für die weitere Analyse des Stands der Technik und Forschung. Bei der Analyse werden die bestehenden Methoden und Hilfestellungen aus der Richtlinie näher betrachtet und hinsichtlich der Anwendbarkeit sowie des notwendigen Expertenwissens bewertet. Bei Forschungslücken in der Richtlinie werden entsprechend ergänzende Forschungsergebnisse berücksichtigt.

2.2.1 Bestimmung möglicher Einflüsse

Im ersten Schritt der VDI/VDE 2600-2 werden Verfahren zur Bestimmung möglicher Einflüsse auf den Messprozess beschrieben. Zum einen kann Erfahrungswissen mehrerer mit dem Messprozess vertrauter Personen genutzt werden. Methodisch kann dies über ein Brainstorming oder z. B. die Delphi Methode unterstützt werden. Zum anderen können über den funktionalen Zusammenhang Einflüsse identifiziert werden. Diesem Ansatz liegt das physikalische Wirkprinzip der Messung zu Grunde. Sind die funktionalen Zusammenhänge bekannt, können hierüber systematisch einzelne Einflüsse identifiziert werden. (VDI/VDE 2600-2, S. 11–13) Für beispielhafte Einflüsse verweist die Richtlinie auf PFEIFER ET AL. (Pfeifer und Schmitt 2010). Als bevorzugte Methode zur strukturierten Darstellung der Einflüsse wird das Ishikawa-Diagramm in Verbindung mit dem 5M (Mensch, Messobjekt, Methode, Mitwelt, Messgerät) der Fertigungsmesstechnik vorgeschlagen.

2.2.2 Zwischenfazit zur Identifikation möglicher Einflüsse

Die Identifikation möglicher Einflüsse ist der erste Schritt in der Analyse eines Messprozesses. Die Einflüsse bilden die Grundlage für die spätere Modellbildung und Messunsicherheitsbestimmung. Hinsichtlich der Bestimmung möglicher Einflüsse auf einen Messprozess existieren diverse Methoden, welche sowohl in der Industrie als auch in der Forschung weit verbreitet sind. Beispiele für mögliche Methoden sind die Delphi Methode, ein Brainstorming oder die analytische Untersuchung des funktionalen Zusammenhangs. Zusätzlich bieten verschiedene Literaturquellen Hilfestellungen zu verschiedensten Mess- und Prüfprozessen. Für die vorliegende Forschungsarbeit wird kein weiterer Handlungsbedarf gesehen.

2.2.3 Identifikation relevanter Einflüsse

Bei der Auswahl *relevanter* Einflüsse auf die Messgröße verweist die Richtlinie vor allem auf Erfahrungswissen und Vorversuche. Über gemeinsame Workshops oder eine Literaturrecherche können relevante Einflüsse bekannter Messprozesse identifiziert werden. Insbesondere bei Messprozessen, für die bisher wenig Erfahrungswissen besteht, wird auf Vorversuche verwiesen, welche im Idealfall über einen statistischen Versuchsplan (DoE, engl.: Design of Experiments) geplant werden. (VDI/VDE 2600-2, S. 13–14) Weiterführende Hilfestellungen sind in der Richtlinie nicht gegeben.

Die Kenntnis der relevanten Einflussgrößen stellt die Grundlage für ein valides Modell einer Messung dar, die Betrachtung von irrelevanten Einflussgrößen führt jedoch zu einem Mehraufwand sowohl in der Modellbildung als auch in der Messunsicherheitsbestimmung. Im Allgemeinen steigt der Modellierungsaufwand mit der Anzahl der berücksichtigten Merkmale. Bei der experimentellen Modellbildung wirkt sich die Anzahl der Merkmale auf die benötigte Datenbasis aus. Der sogenannte "Fluch der Dimensionalität" (engl.: „Curse of Dimensionality") beschreibt die Tatsache, dass der Datenraum mit dem Hinzufügen einer neuen Dimension (hier: Einflussgröße) zunehmend ausgedünnt wird und eine exponentiell wachsende Anzahl zusätzlicher Datenpunkte benötigt wird, um Modelle mit hoher Qualität zu erreichen. (Shmueli et al. 2020, S. 100) Mit dem ausgedünnten Datenraum gehen weitere Probleme einher, wie z. B. Datensätze mit einer größeren Anzahl von Merkmalen als Datenpunkten und die Überanpassung eines Modells an die vorhandenen Daten mit schlechtem Generalisierungspotenzial für neue Daten. Mit zunehmender Anzahl von Merkmalen in einem Datensatz steigt auch die benötigte Rechenleistung und der Aufwand für Speicherverwaltung und Datengenerierung, während die Interpretierbarkeit der Modelle abnimmt. (Ahmed und Nandi 2020, S. 125) Bei der Messunsicherheitsbestimmung steigt der Aufwand dahingehend, dass auf Basis des Modells die Unsicherheitsbeiträge der einzelnen Einflussgrößen quantifiziert werden müssen. Diese Herausforderungen können adressiert werden, indem die Anzahl der Merkmale so reduziert wird, dass der neue Datensatz, der eine geringere Dimension hat, den ursprünglichen hochdimensionalen Datensatz ausreichend repräsentiert und alle relevanten Einflüsse berücksichtigt werden. Entsprechende Methoden werden unter dem Begriff Dimensionalitätsreduktion (engl.: dimensionality reduction) zusammengefasst (Ahmed und Nandi 2020, S. 127). Methoden zur Dimensionalitätsreduktion werden in zwei Ansätze unterteilt – Feature Extraction und Feature Selection.

Feature Extraction (FE) Methoden erreichen eine Dimensionalitätsreduktion durch lineare oder nichtlineare Kombinationen der ursprünglichen Merkmale zu einem neuen Datensatz mit geringerer Dimension (Ahmed und Nandi 2020, S. 127). Durch die Projektion der Daten in einen niedrigdimensionalen Raum sind die ursprünglichen Merkmale im neuen Datensatz nicht mehr in ihrer ursprünglichen Form vorhanden (Li et al. 2017a). Dies erschwert die Interpretation der identifizierten Merkmale. Ein Beispiel für eine FE-Methode ist die Hauptkomponentenanalyse (engl: Principal Component Analysis; PCA) (Ahmed und Nandi 2020, S. 127).

Feature-Selection (FS)-Methoden reduzieren die Anzahl der Merkmale, indem sie geeignete Merkmale aus dem Originaldatensatz auswählen (Li et al. 2017a). Im Gegensatz zu FE-Methoden werden die Merkmale des Originaldatensatzes nicht verändert, sondern es wird eine Auswahl aus den vorhandenen Merkmalen getroffen. Die Auswahl der Merkmale erfolgt auf Basis ihrer Relevanz. (Bolón-Canedo und Alonso-Betanzos 2018, S. 483) Das Konzept der Relevanz von Merkmalen kann innerhalb der FS unterschiedlich definiert werden und hängt vom Ziel der Merkmalsreduzierung ab. Im Kontext des verfolgten Ziels (Bildung eines Modells der Messung) ist die Relevanz von Merkmalen definiert als ihre Eigenschaft, mit der Messgröße zu korrelieren oder die Güte des Messmodells zu verbessern (Zhao und Liu 2012, S. 11). FS-Methoden extrahieren aus einem Datensatz D mit n Merkmalen eine Teilmenge d mit m Merkmalen, die den Ausgangsdatensatz D mit einer ausreichend hohen Qualität repräsentieren kann. Dabei gilt $d \subset D$ und $m < n$. (Hamidreza Rashidy Kanan et al., S. 63–64)

Unter der Voraussetzung, dass für die Ermittlung der kombinierten Messunsicherheit der Messgröße (z. B. nach GUM) auf die einzelnen Messunsicherheiten der Einflussgrößen aus dem Modell zurückgegriffen werden muss, kommen nur FS-Methoden in Frage. FE-Methoden werden daher in dieser Forschungsarbeit nicht weiter betrachtet. Für die weitere Betrachtung von FS-Methoden werden diese in drei Kategorien unterteilt – Filter, Wrapper und eingebettete Methoden. Diese Einteilung basiert auf verschiedenen Arbeiten in der Literatur (z. B. (Li et al. 2017b; Liu et al. 2017; Chandrashekar und Sahin 2014).

Hinweis: Der Begriff *Einflussgröße* vom JCGM wird in (JCGM 200:2012) genutzt und bezieht sich auf die Eingangsgrößen des Messmodells. Im allgemeinen Forschungsbereich der FS wird der Begriff *Merkmal* für denselben Teil des Modells verwendet wie der Begriff Einflussgröße in Modellen der Messung. In dieser Forschungsarbeit wird *Merkmal* in der allgemeinen Beschreibung der Methoden verwendet, *Einflussgröße* in der Anwendung der Methoden auf die Modellierung der Messunsicherheit.

Filter-Methoden

Filter-Methoden sind die einzigen FS-Methoden, die eine Merkmalsauswahl unabhängig und ohne einen zugehörigen Lernalgorithmus durchführen können. Sie erlauben daher eine vollständige Trennung zwischen der Auswahl von Merkmalen und der Bildung eines Modells aus diesen Merkmalen. (Ahmed und Nandi 2020, S. 175) Der Filteransatz basiert auf der Annahme, dass die Relevanz eines Merkmals durch verschiedene quantitative Eigenschaften der Merkmalswerte bewertet werden kann. Um die Relevanz zu bewerten, verwenden Filter-Methoden typischerweise unabhängige Bewertungskriterien wie Distanz-, Informations-, Abhängigkeits- oder Konsistenzmaße, die z. B. beurteilen, wie stark die Werte eines Merkmals mit denen der abhängigen Variable korrelieren oder zur Abschwächung von Unsicherheiten beitragen. Die Bewertungskriterien werden verwendet, um zu entscheiden, welche Merkmale "gefiltert" und welche als relevant eingestuft werden. (Liu et al. 2017, S. 1–2) Die Funktionalität ist in Abbildung 2-3 dargestellt

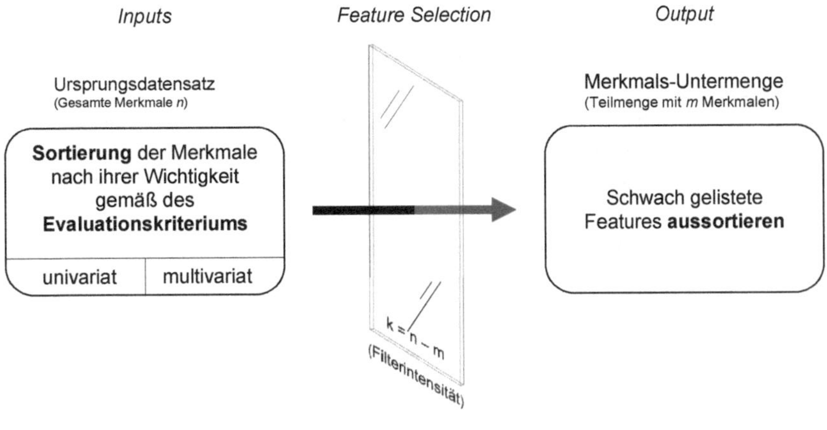

Abbildung 2-3 Generische Funktionsweise von Filter-Methoden

Im Vergleich zu anderen FS-Methoden zeichnen sich Filter-Methoden durch ihren geringen Rechenaufwand, ihre Geschwindigkeit und ihre Unabhängigkeit von bestimmten Lernalgorithmen aus. Der geringe Rechenaufwand macht sie skalierbar und für den Einsatz auf großen Datenmengen geeignet. (Li et al. 2017b, S. 554) Vergleicht man univariate Filter-Methoden mit multivariaten Filter-Methoden, so besteht der Unterschied darin, dass sie weniger Rechenaufwand erfordern, aber dafür keine Abhängigkeiten zwischen den Merkmalen erfassen. Infolgedessen können redundante Merkmale nicht identifiziert werden, da redundante Merkmale einen ähnlichen Rang in der Sortierung einnehmen würden. (Bolón-Canedo und Alonso-Betanzos 2018, S. 31) Darüber hinaus besteht nach GUYON ET AL. bei der univariaten Filterung die Gefahr, dass Merkmale eliminiert werden, die nur einen gemeinsamen Einfluss auf die Zielvariable haben (Guyon und Elisseeff 2003, S. 1165–1166).

Wrapper-Methoden

Wrapper-Methoden nutzen die Vorhersagegüte eines Lernalgorithmus, um ausgewählte Untermengen der Merkmale zu bewerten. Dazu wird eine Untermenge durch eine Suchstrategie ausgewählt, eine Modellfunktion aus dieser Untermenge mit einem Lernalgorithmus trainiert und die Vorhersagegüte des Modells auf einem Testdatensatz geprüft. Die Güte des mit verschiedenen Untermengen getesteten Lernalgorithmus bestimmt die Relevanz der ausgewählten Merkmale. Die Untermenge mit der höchsten Vorhersagegüte wird als Lösung zurückgegeben. (Li et al. 2017a, S. 3)

Die Funktionsweise von Wrapper-Methoden ist in Abbildung 2-4 dargestellt.

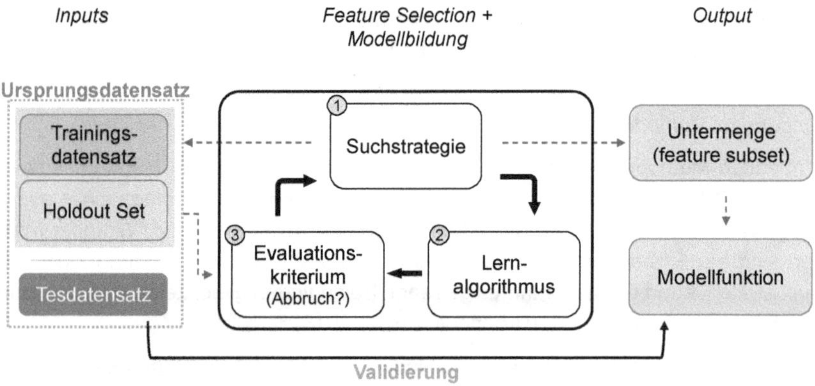

Abbildung 2-4 Generische Funktionsweise von Wrapper-Methoden

Die Suchstrategie ist für die Generierung neuer Untermengen aus dem gesamten Feature-Set des Trainingsdatensatzes zuständig. Die verschiedenen Methoden zur Erzeugung von Untermengen lassen sich durch die Suchrichtung unterscheiden. Vorwärtsgerichtete Methoden beginnen mit einer leeren Merkmalsmenge und fügen sequenziell Merkmale hinzu, rückwärtsgerichtete Methoden beginnen mit einer vollständigen Merkmalsmenge und entfernen sequentiell Merkmale. Ein bidirektionaler Ansatz kombiniert beide Möglichkeiten und startet von beiden Seiten. Hier werden Features gleichzeitig hinzugefügt und entfernt. (Ahmed und Nandi 2020, S. 175)

Für die Modellierung sind Wrapper-Methoden auf einen Lernalgorithmus angewiesen. Der Lernalgorithmus bildet aus den gewonnenen Untermengen Modelle, die den erwarteten funktionalen Zusammenhang der Daten beschreiben. Das bedeutet, dass bereits bei der Merkmalsauswahl bekannt sein muss, welche Art von Modell mit den gefundenen Merkmalen gebildet werden soll. (Liu et al. 2017, S. 1–2)

Das Bewertungskriterium des Wrapper-Ansatzes bewertet die Menge der von der Suchstrategie vorgeschlagenen Merkmale anhand der Vorhersagegüte des Modells, das der Lernalgorithmus aus diesen Merkmalen erstellt hat. Die Vorhersagegüte eines

Modells kann anhand seines Vorhersagefehlers bewertet werden, die nicht zum Trainieren des Modells verwendet wurden (Holdout-Set). Gängige Fehlermaße sind Mean Absolute Error (MAE) oder Root Mean Square Error (RMSE) für Regressionsprobleme und Misclassification Rate, Sensitivity und Specificity für Klassifikationsprobleme. Mit dem übrig gebliebenen Testset kann die Auswahl schließlich validiert werden. (Li et al. 2017a, S. 3)

Da Wrapper-Methoden die Merkmalsauswahl auf einem Lernalgorithmus stützen, können Zusammenhänge zwischen Features identifizieren werden. Zwar bedürfen Wrapper-Methoden aufgrund der Modellbildung höhere Rechenkapazitäten als Filter-Methoden, sie sind insgesamt jedoch ebenfalls einfach aufgebaut und in der Anwendung leicht verständlich. Nachteilig aufgrund der Modellbildung ist das erhöhte Risiko des Overfittings, eine übermäßige Anpassung auf die Trainingsdaten. (Li et al. 2017b, S. 554)

Embedded-Methoden

Embedded-Methoden verwenden, wie Wrapper-Methoden, einen Merkmalsauswahl-Lernalgorithmus, so dass die Auswahl der Merkmale auf der Grundlage eines aus den ausgewählten Merkmalen erstellten Modells erfolgt. Im Gegensatz zu Wrapper-Methoden sind bei Embedded-Methoden Merkmalsauswahl und Modellierung nicht durch Suchstrategie und Lernalgorithmus getrennt. Beide finden gleichzeitig statt und sind in einen Algorithmus integriert. (Urbanowicz et al. 2018, S. 190)

Die Funktionsweise der Embedded-Methoden ist in Abbildung 2-5 dargestellt.

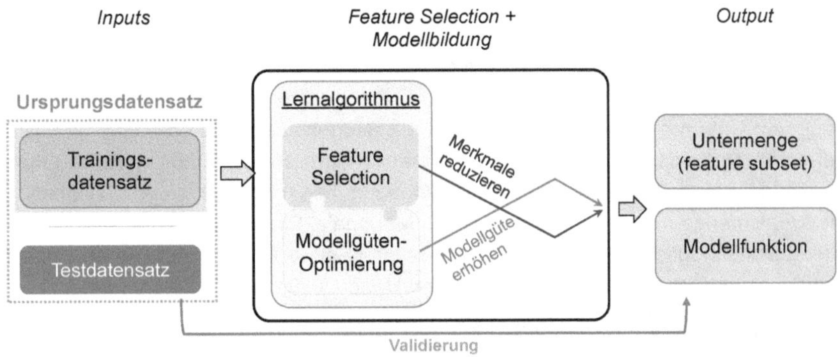

Abbildung 2-5 Generische Funktionsweise von Embedded-Methoden

Die Merkmalsauswahl und Modellierung sind innerhalb des Lernalgorithmus eng miteinander verbunden. Ihre unterschiedlichen Ziele, die Erhöhung der Modellgüte und die Reduzierung der Merkmale konvergieren und führen zu einer Lösung. Die Lösung enthält ein Modell und die ermittelte Untermenge der Merkmale. Im Gegensatz zu Wrapper-Methoden, werden bei der Embedded Methode nicht mehrere Modelle erstellt und validiert. Daher ist eine weitere Aufteilung der Trainingsdaten in einen Trainingsdatensatz und einen Holdout Set nicht notwendig. (Guyon und Elisseeff 2003, S. 1166–1167)

2.2.4 Zwischenfazit zur Identifizierung von relevanten Einflüssen

Die Grundlage für eine valide Modellbildung und Messunsicherheitsbestimmung ist die Berücksichtigung aller relevanten Einflüsse. Bestehende Hilfestellungen (z. B. in der VDI/VDE 2600-2) verweisen vor allem auf Expertenwissen. Sollte kein Expertenwissen vorliegen, sind experimentelle Versuche durchzuführen. Neben der vorgeschlagenen DoE, sind vor allem FS-Methoden vielversprechend. Hierbei haben verschiedene FS-Methoden unterschiedliche Vor- und Nachteile (s. Tabelle 2-1).

Tabelle 2-1 Bewertung der Vor- und Nachteile von FS Methoden

FS-Methode	Vorteile	Nachteile
Filter 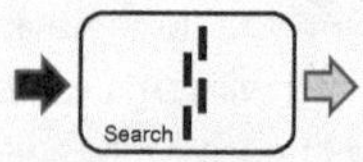	▪ Schnell, skalierbar ▪ Geringer Berechnungsaufwand ▪ Unabhängig von Lernalgorithmus, allgemeingültige Merkmalsauswahl	▪ Keine Interaktion mit Lernalgorithmus → schlechtere Lernperformance ▪ Bestimmung der optimalen Merkmalsanzahl nicht eindeutig
Wrapper 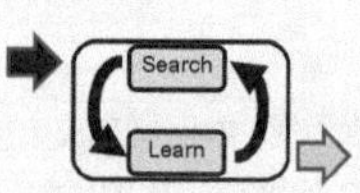	▪ Interaktion mit Lernalgorithmus, höhere Lernperformance ▪ Erfasst Abhängigkeiten von Merkmalen	▪ Hoher Berechnungsaufwand ▪ Gefahr der Überanpassung ▪ An Lernalgorithmus gebundene Merkmalsauswahl
Embedded 	▪ Interaktion mit Lernalgorithmus, höhere Lernperformance ▪ Erfasst Abhängigkeiten von Merkmalen ▪ Geringerer Berechnungsaufwand als bei Wrapper-Methoden	▪ An Lernalgorithmus gebundene Merkmalsauswahl ▪ Tlw. eingeschränkter Einsatzbereich durch Abhängigkeit von bestimmtem Lernalgorithmus

Da FS-Methoden aktuell vor allem im Bereich *Big Data* (z. B. (Li und Liu 2017; Zhang et al. 2020)) zum Einsatz kommen, Messprozesse für die Messunsicherheitsbestimmung jedoch tendenziell weniger Daten liefern, ist die Anwendbarkeit der Methoden in der Messunsicherheitsbestimmung zu analysieren. Aufgrund der Vielzahl von Algorithmen innerhalb der existierenden FS-Familien, ist eine entsprechende Literaturrecherche durchzuführen und eine Bewertungsmethode zu entwickeln, welche die spezifischen Anforderungen der Messunsicherheitsbestimmung berücksichtigt.

2.2.5 Modellbildung

Die Modellbildung ist die Grundlage für ein Verständnis der Messung (Ferrero et al. 2015, S. 10). Um Anwendende bei diesem Prozess zu unterstützen, ist vor allem die Entwicklung eines allgemeinen Verfahrens zur Modellbildung in der Messunsicherheitsbestimmung aktueller Gegenstand der Forschung. (Rossi et al. 2019, S. 1343–1344)

Mathematisch-analytische Modellbildung

In der Modellbildung unterscheidet die VDI/VDE 2600-2 zwischen der mathematisch-analytischen und experimentellen Modellbildung. (VDI/VDE 2600-2, S. 14) Insgesamt werden für die analytische Modellbildung drei Vorgehensweisen beschrieben. Zum einen können über die Darstellung der Wirkzusammenhänge in einem Blockdiagramm Submodelle gebildet werden, welche später zu einem Gesamtmodell zusammengeführt werden können. Alternativ kann die Modellgleichung ausgehend von dem physikalischen Zusammenhang des Messprinzips iterativ erweitert und vervollständigt werden. Die Grundlage hierfür bildet eine physikalische Gleichung, welche um die in Schritt 2 (s. Abbildung 2-2) identifizierten relevanten Einflüsse erweitert wird. Als dritte und einfachste Möglichkeit der analytischen Modellbildung wird die lineare Modellbildung dargestellt. Hierbei werden die identifizierten relevanten Einflüsse aus Schritt 2 in einer linearen Modellgleichung miteinander verknüpft. Dieses Vorgehen benötigt zwar den geringsten Modellierungsaufwand, ist jedoch in vielen Fällen eine sehr starke Vereinfachung des funktionalen Zusammenhangs. (VDI/VDE 2600-2, S. 17)

In der Analyse des Stands der Forschung im Bereich der Modellbildung zur Messunsicherheitsbestimmung kann zwischen anwendungsspezifischen Modellbildungen einzelner Messprozesse (z. B. (Voigtmann 2020; Chandrasekaran et al. 2020; Sousa et al. 2019; Crenna und Rossi 2020)) und der Entwicklung von allgemeinen Verfahren zur Modellbildung in der Messunsicherheitsbestimmung unterschieden werden. Bei anwendungsspezifischen Modellbildungen steht der spezifische Messprozess im Fokus. Die für das Verfahren nach GUM vorausgesetzte Modellierung basiert in den anwendungsspezifischen Forschungen häufig auf einem hohen Maß an Erfahrungs- sowie Methodenwissen. Gleichzeitig lässt sich das entwickelte Modell sowie das Verfahren zur Modellbildung nicht oder nur mit sehr großem Aufwand auf andere Anwendungsfälle übertragen.

Ein allgemeines Verfahren zur mathematisch-analytischen Modellbildung wird in (Morawski 2013) vorgestellt. MORAWSKI entwickelte ein Metamodell für Messprozesse, welches die Prämisse erfüllen soll, allgemein genug zu sein, um eine Vielzahl von Messprozessen abzudecken, aber gleichzeitig auch spezifisch genug, um den Messprozess in ausreichender Güte zu beschreiben (Morawski 2013, S. 3753). Das Metamodell besteht aus drei voneinander abhängigen Teilen:

- einem mathematischen Modell des gemessenen Systems inklusive der Messgröße,

- einem mathematischen Modell der Konvertierung der Messgröße des Systems in das Ergebnis der Messung in Form von Rohdaten und
- einem mathematischen Modell der Rekonstruktion, welches die Rohdaten in die finale Schätzung der Messgröße überführt

Das Metamodell ergibt sich zu

$$y(t) = \mathfrak{R}[\{\widetilde{y_n}\}, \hat{v}, \{\dot{s_n}\}; p_{\mathfrak{R}}]$$

wobei $y(t)$ die Schätzung der Messgröße zum Zeitpunkt t, $\widetilde{y_n}$ das Messsignal, $\hat{v}$ die Schätzung der Einflussgröße und p die Modellparameter repräsentiert. $\dot{s_n}$ beschreibt das Signal, welches das System anregt, um eine entsprechende Messgröße zu erzeugen. $\mathfrak{R}$ beschreibt der Operator der Rekonstruktion. (Morawski 2013, S. 3756–3759)

Das beschriebene Metamodell kann auf eine Vielzahl von physikalischen Messprozessen angewendet werden. MORAWSKI konnte zudem die Validität des Metamodells für folgende Messprozesse nachweisen: dynamische Kalorimetrie, Spektrophotometrie, Chromatographie und Polarographie; Messungen basierend auf faseroptischen Sensoren; Messungen auf Basis von Ultraschallsensoren und die messtechnische Prüfung von Telekommunikationskanälen.

Insgesamt bietet das Metamodell nach MORAWSKI ein übergeordnetes Modell, welches spezifisch für den Anwendungsfall weiter ausgestaltet werden kann. Die allgemeine Gestaltung und die wenigen Einschränkungen in der Modellierung bieten zudem die Möglichkeit, auch komplexe Messprozesse valide abbilden zu können. Für die Anwendung des Metamodells und die Überführung in ein spezifisches Modell der Messung ist jedoch ein hohes Maß an mathematischen und methodischen Kenntnissen notwendig. So werden z. B. keine Hilfestellungen bei der Auswahl der Modellstruktur gegeben und es wird auf Erfahrungswissen verwiesen. Weiterhin sind sehr genaue Kenntnisse über das Messsystem und den Messprozess selbst notwendig, da ansonsten z. B. die jeweilige Konvertierung und Rekonstruktion der Messgröße nicht valide abgebildet werden kann.

Da die mathematische Modellierung von Messprozessen ein hohes Maß an Methodenwissen erfordert, stellt sie auch in der industriellen Anwendung häufig eine große Herausforderung dar. Um dennoch ein Rahmenwerk für eine mathematisch-analytische Modellbildung zur Verfügung zu stellen, haben SOMMER UND SIEBERT ein Verfahren für eine solche Modellierung entwickelt (Sommer und Siebert 2006). Das Verfahren basiert auf der Signalflussanalyse und führt den Anwender von der semantischen Beschreibung der Messung über die Analyse des Messprozesses sowie der Einflüsse mittels Ursache-Wirkungs-Diagramm und der graphischen Aufbereitung sowie mathematischen Beschreibung der Einflüsse in einem Blockdiagramm entlang des Signalflusses zur Identifikation von Wechselwirkungen und der abschließenden Aufstellung der Modellgleichung. (Sommer und Siebert 2006, S. 204–206)

Durch die Modularisierung der Messung und des Signalflusses wird es ermöglicht, bei der Anwendung des Verfahrens die identifizierten Einflüsse und Zusammenhänge in

Teilmodellen darzustellen und später zusammenzuführen. So wird die Modellbildung insbesondere für komplexe Messprozesse in kleinere Teilprobleme unterteilt, welche einfacher verarbeitet werden können. Weiterhin können Teilmodelle bei nachgewiesener Ähnlichkeit in weiteren Messprozessen wiederverwendet werden. (Sommer und Siebert 2006, S. 207) Anwendung findet das Verfahren u. a. in (Heidenblut et al. 2007) in der Drucksensorkalibrierung.

Das mathematisch-analytische Modellbildungsverfahren nach SOMMER UND SIEBERT bietet zwar ein strukturiertes Vorgehen zur Modellbildung, setzt jedoch ein tiefgreifendes Verständnis des zu modellierenden Messprozess voraus. So muss der Signalfluss dediziert bestimmt und über eine Blockbildung modularisiert werden. In der Anwendung kann dies insbesondere bei komplexen Messprozesse eine Herausforderung darstellen. Weiterhin werden methodische Kenntnisse im Bereich der Modellierung vorausgesetzt, da die Blöcke jeweils separat modelliert werden müssen. Zwar ist eine experimentelle Modellbildung (s. unten) einzelner Blöcke theoretisch denkbar, praktisch können jedoch nicht alle Blöcke separat über Experimente analysiert werden.

Weitere Verfahren zur analytischen Modellbildung sind zum Beispiel in (Rossi et al. 2018) benannt als *New GUM* und in (Lehmann 2021) als Erweiterung der VDI 2600-2 beschrieben. Diese Verfahren basieren jedoch auf linearen Modellen und liefern somit bei der Anwendung auf komplexe, nicht-lineare Messprozesse meist keine validen Ergebnisse.

Experimentelle Modellbildung

Sind die physikalischen Zusammenhänge nicht bekannt, verweist die VDI/VDE 2600-2 auf die experimentelle Modellbildung. Die Grundlage für die experimentelle Modellbildung in der Messunsicherheitsbestimmung bildet die Regression. Unter der Voraussetzung der Vergleichbarkeit der Anwendungsfälle kann hierfür auf bereits bestehende Daten zurückgegriffen werden oder es können neue Daten für die Modellbildung erhoben werden. Im zweiten Fall wird auf die statistische Versuchsplanung verwiesen. Die Modellbildung selbst kann auf einer parametrischen oder nicht-parametrischen Regression basieren. Die relevanten Einflussgrößen sind jeweils die unabhängigen Variablen, die Messgröße die abhängige Variable. (VDI/VDE 2600-2, S. 16–17) Parametrische Regressionsverfahren geben die allgemeine Form des Modells vor und bestimmen über ein Optimierungsproblem die jeweiligen Koeffizienten. Ein Beispiel für eine parametrische Regression ist die lineare Regression. Hierbei wird die allgemeine Form des Modells als funktionaler Zusammenhang zwischen der abhängigen Variablen y und der unabhängigen Variablen x vorgegeben ($y = b_0 + b_1x$). Die Koeffizienten des Achsenabschnitts b_0 und der Steigung der Geraden b_1 können beispielsweise über die Methode der kleinsten Quadrate ermittelt werden. (Janssen und Laatz 2017, S. 405–407) Da insbesondere bei komplexen Messprozessen der funktionale Zusammenhang zwischen den abhängigen und unabhängigen Variablen nicht zwingend vor der Modellbildung bekannt ist, liefern parametrische Regressionen in vielen Fällen für die Modellbildung zur Messunsicherheitsbestimmung komplexer Messprozesse keine validen

Ergebnisse. Aus diesem Grund werden im Folgenden vor allem nicht-parametrische Regressionsverfahren betrachtet.

Nicht-parametrische Regressionsverfahren zeichnen sich dadurch aus, dass deutlich weniger Annahmen über die Variablen und Zusammenhänge im Vorfeld getroffen werden müssen (Janssen und Laatz 2017, S. 631–632). Für die Modellbildung zur Messunsicherheitsbestimmung komplexer Messprozesse ist hierbei besonders relevant, dass die Form des Modells nicht im Vorhinein bekannt sein muss, da bei komplexen Messprozessen ein solches Detailwissen häufig nicht besteht. In der Anwendung von nicht-parametrischen Regressionen bieten neben Verfahren der klassischen Statistik vor allem intelligente Methoden und Algorithmen des maschinellen Lernens immer mehr Möglichkeiten. Algorithmen des maschinellen Lernens ermöglichen es Computern, Probleme zu lösen, ohne spezifisch dafür programmiert werden zu müssen (Samuel 1959, S. 535). Die Algorithmen sind in der Lage, auch komplexe Zusammenhänge valide abzubilden (Wuest et al. 2016, S. 27–29). Durch die steigende Komplexität der (Mess-)Systeme und den steigenden mathematischen Anspruch bei Methoden und Verfahren der Messunsicherheitsbestimmung im Allgemeinen und der Modellbildung im Spezifischen, gewinnen intelligente Methoden auch in diesen Anwendungsfeldern an Bedeutung. (Reznik und Dabke 2004, S. 48)

Ein Beispiel, wie neuronale Netze als Algorithmus des maschinellen Lernens zur Modellierung von Messprozessen genutzt werden können, wird in (Kais I. Al-Abdullah et al. 2018) gegeben. Hier wird jeweils die Messung von Kraft und Temperatur bei einem medizinischen Bohrprozess modelliert. Als Algorithmus wird ein feedforward neuronales Netz mit dem Tangens Hyperbolicus als Aktivierungsfunktion in den hidden nodes und eine lineare Aktivierungsfunktion in dem Output Knoten des neuronalen Netzes genutzt. Die Anzahl der hidden nodes ist empirisch bestimmt. Das neuronale Netz selbst ist über den Levenberg-Marquardt Algorithmus angelernt. (Kais I. Al-Abdullah et al. 2018, S. 29–31) Übergreifend konnten KAIS I. AL-ABDULLAH ET AL. gute Ergebnisse mit den beiden Modellen erzielen. Neuronale Netze bieten die Möglichkeit, insbesondere komplexe und unbekannte Zusammenhänge valide abbilden zu können. Es wird jedoch auch betont, dass es sich bei den gebildeten Modellen um Black-Box Modelle handelt, deren funktionale Zusammenhänge nicht explizit nachzuvollziehen sind. Zudem ist aufgrund der Komplexität des neuronalen Netzes der Aufwand für Experimente aufgrund der geforderten großen Datenbasis sehr hoch. (Kais I. Al-Abdullah et al. 2018, S. 36)

Eine weitere Modellierung mittels neuronalem Netz und Support-Vector-Machine wird in (Wang et al. 2018) vorgestellt. WANG ET AL. untersuchen Messungen im Zusammenhang mit Untersuchungen von Schleudertraumata bei Autounfällen. Bei der Modellierung mittels neuronalem Netz wird die Backpropagation genutzt. Für die Modellierung mittels Support-Vector-Machine wird die Least-Square Variante genutzt. Über einen Abgleich mit einer Finite Elemente Simulation konnte die Validität von beiden Modellen nachgewiesen werden. Neben den Vorteilen des neuronalen Netzes, welche auch schon in (Kais I. Al-Abdullah et al. 2018) gezeigt werden konnten, werden auch die

Vorteile der Nutzung eines Support-Vector-Machine Modellbildungsalgorithmus dargelegt. Neben der Vielseitigkeit birgt vor allem die Robustheit viele Potenziale für die Modellbildung. Nachteilig wird die Abhängigkeit zur Wahl des Kernels als Hauptbestandteil des Algorithmus genannt. (Wang et al. 2018, S. 229–245) Dies spiegelt sich auch in den vorgestellten allgemeinen Vorgehensweisen der beiden Modellbildungsverfahren (Support-Vector-Machine und neuronales Netz) wider. Für beide ist ein hohes Maß an methodischem Wissen in der Wahl der Hyperparameter, Architektur und der Struktur des Algorithmus notwendig. Weiterhin sind die Ergebnisse der Modellbildung vor allem auf die Messunsicherheitsbestimmung mittels Monte Carlo Methode ausgelegt. Eine Bestimmung der Messunsicherheit über das Verfahren gemäß des GUM Hauptdokuments ist nicht vorgesehen.

Unabhängig von einem spezifischen Anwendungsfall wird die Modellbildung zur Messunsicherheitsbestimmung mittels neuronaler Netze in (Mueller et al. 2020) untersucht. Es konnte gezeigt werden, dass bei stetigen Zusammenhängen und einer skalaren Messgröße ein neuronales Netz mit einem hidden layer genutzt werden kann, um einen Messprozess valide abzubilden. Dieser Aufbau des neuronalen Netzes ermöglicht es, das neuronale Netz in eine Regressionsgleichung zu überführen und über die Gaußsche Fehlerfortpflanzung gemäß GUM für die Messunsicherheitsbestimmung zu nutzen. (Mueller et al. 2020, S. 501–505) Im Gegensatz zu den vorangegangenen Verfahren zur Modellbildung wird in dem Verfahren nach MUELLER ET AL. explizit ein Vorgehen zur Wahl der Hyperparameter vorgestellt. Hierbei werden z. B. Regelschleifen für die Wahl der Epochen und eine Faustregel für die Anzahl der Neuronen angegeben (Mueller et al. 2020, S. 500). Das Vorgehen bietet neben den allgemeinen Vorteilen von neuronalen Netzen komplexe Zusammenhänge valide abbilden zu können, auch den Vorteil der Differenzierbarkeit für die Messunsicherheitsbestimmung. Der inhärente Nachteil des hohen Versuchsaufwands bleibt jedoch bestehen. Auch ist die Interpretierbarkeit des entstehenden Modells aufgrund der Struktur des neuronalen Netzes häufig nur bedingt möglich.

Ein weiteres Beispiel für die Modellierung mittels neuronalem Netz, welches über die Ausgestaltung als differenzierbares Modell der Messung eine weiterführende Messunsicherheitsbestimmung nach GUM ermöglicht, ist in (Yin et al. 2021) gegeben. YIN ET AL. untersuchen eine Radar-Lokalisierung, welche aufgrund einer komplexen Datenlage mit klassischen Modellierungsverfahren nur sehr schwer abzubilden ist. Aufgrund des dynamischen Anwendungsfalls werden jedoch andere Algorithmen genutzt, als die Anwendung auf die Modellierung statistischer Messprozesse erfordern würde. So wird z. B. die Modellbildung des neuronalen Netzes mit einem Kalman Filter kombiniert. Da dieser Anwendungsfall aus dem in Kapitel 2.1 vorgestellten Betrachtungsraum fällt und die Ergebnisse nicht übertragbar sind, wird das Verfahren nach YIN ET AL. nicht weiter betrachtet.

Intelligente Algorithmen bieten die Möglichkeit, parameterfrei komplexe Zusammenhänge valide abzubilden. Als datenbasierter Ansatz der experimentellen Modellbildung sind im Gegensatz zu mathematisch-analytischen Verfahren keine oder zumindest weniger Kenntnisse über die physikalischen Zusammenhänge notwendig. Zwar sind für die Implementierung der intelligenten Algorithmen methodische Kenntnisse notwendig, jedoch können intelligente Algorithmen häufig automatisiert werden, sodass die Anforderungen an die methodischen Kenntnisse sinken.

Eine Herausforderung bleibt die Verallgemeinerbarkeit der vorgestellten Ansätze. So können KAIS I. AL-ABDULLAH ET AL., WANG ET AL. und YIN ET AL. zwar alle Modelle für komplexe Messprozesse bilden, es wird jedoch kein allgemeines Verfahren zur Modellbildung entwickelt. Somit werden z. B. keine Hilfestellungen geliefert, wie entsprechende Hyperparameter in der Modellbildung anwendungsspezifisch zu wählen sind. Weiterhin sind viele Modelle nicht als White Box Modell darstellbar. Eine Messunsicherheitsbestimmung nach GUM ist so zwar dennoch möglich (siehe z. B. (VDI/VDE 2600-2, S. 39–48)), die Interpretierbarkeit der Ergebnisse ist jedoch nicht mehr gegeben. Die hohe Komplexität z. B. von neuronalen Netzen erfordert in den meisten Fällen einen hohen Versuchsaufwand und ist mit einem hohen Modellierungsaufwand verbunden.

Neben neuronalen Netzen und Support-Vector-Machine Algorithmen existieren diverse weitere intelligente Algorithmen. Intelligente Algorithmen und Algorithmen des maschinellen Lernens gliedern sich in vier Kategorien: dem überwachten, dem semiüberwachten, dem unüberwachten und dem verstärkenden Lernen. (Alpaydin 2010, S. 1–14) Für den im Betrachtungsraum der Forschungsarbeiten beschriebenen Anwendungsfall wird ein Regressionsalgorithmus benötigt. Da vor allem überwachte Lernverfahren auf Regressionen ausgelegt sind, werden diese im Folgenden näher betrachtet. Überwachte Lernverfahren zeichnen sich dadurch aus, dass sie beim Lernen gelabelte Daten nutzen. Das heißt, dass die Daten sowohl den Input als auch den entsprechend dazugehörigen Output enthalten. Algorithmen des überwachten Lernens stellen über diese Daten den (verallgemeinerten) Zusammenhang zwischen Input und Output her. (Alpaydin 2010, S. 9–11)

Ein Beispiel für ein überwachtes Lernverfahren stellt neben dem neuronalen Netz und Support-Vector-Machine Algorithmus, welche bereits als Algorithmus für die Modellbildung in der Messunsicherheitsbestimmung genutzt werden, auch die Symbolische Regression dar. Die Symbolische Regression ist ein intelligenter Algorithmus aus dem Bereich der genetischen Programmierung. Als nicht-parametrischer Modellbildungsalgorithmus können beliebige, stetige Zusammenhänge in einem White Box Modell abgebildet werden. (Quade et al. 2016, S. 3) Das gebildete Modell einer Symbolischen Regression, wird über eine Baumstruktur visualisiert, welche einzelne Inputparameter über primitive Funktionen mit einem Output verknüpft. Als primitive Funktionen gelten hierbei u. a. arithmetische Operatoren sowie mathematische Funktionen, Variablen und Konstanten. (Koza 1994, S. 88–89) Verdeutlicht wird der Aufbau der Baumstruktur am Beispiel der Kalibrierung von Endmaßen aus dem GUM-Anhang H in Abbildung 2-6.

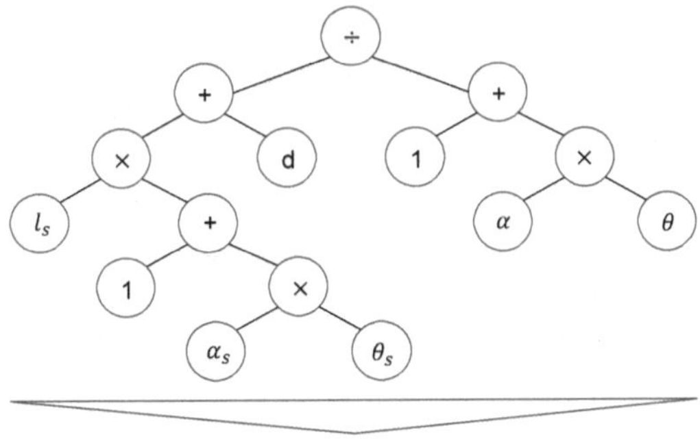

$$l = \frac{l_s(1 + \alpha_s\theta_s) + d}{1 + \alpha\theta}$$

Abbildung 2-6 Darstellung der Baumstruktur einer Symbolischen Regression am Beispiel der Kalibrierung von Endmaßen (GUM Anhang H)

Die Modellbildung selbst basiert auf dem Darwinschen Prinzip des „Survival of the fittest“. Nachdem initial eine Generation g_0 als Population p mit k verschiedenen Individuen (= Modelle in Baumstrukturen) gebildet wurde, wird jedes Individuum hinsichtlich der Fitness bewertet. Klassische Kennwerte zur Bewertung der Fitness sind Fehlerkennwerte wie der RMSE oder der MAE. Aufbauend auf der Generation g_0 wird eine Generation g_1 über genetische Operatoren gebildet. (Koza 1994, S. 92) Beispiele für genetische Operatoren sind Mutationen und Kreuzungen (s. Abbildung 2-7).

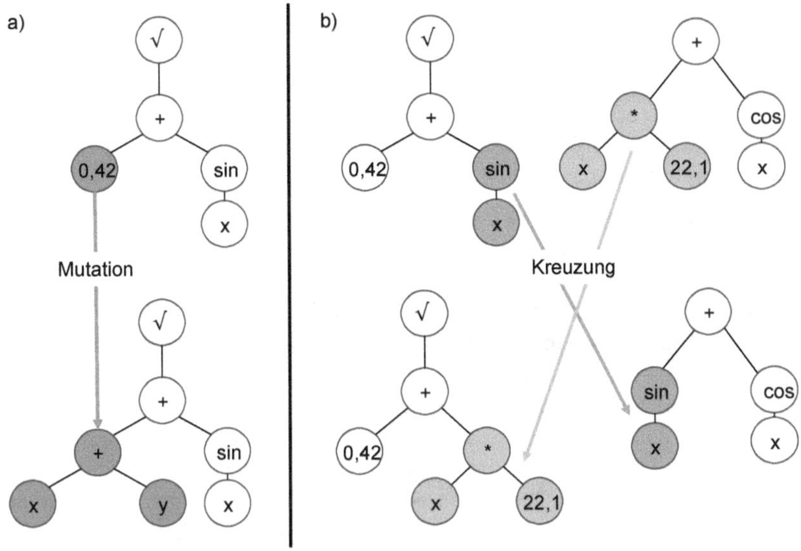

Abbildung 2-7 Beispielhafte Mutation (a) und Kreuzung (b) als genetische Operatoren in der Symbolischen Regression nach (Quade et al. 2016, S. 4)

Bei einer Mutation wird ein Endknoten oder eine Teilstruktur des Baumes zufällig ersetzt. Dadurch, dass die Mutationen zufällig gewählt werden, führen sie in vielen Fällen nicht direkt zu einer optimalen Lösung. Mutationen erhöhen jedoch die Wahrscheinlichkeit, ein globales Optimum zu finden und nicht in einem lokalen Optimum zu verbleiben. Kreuzungen hingegen tauschen gezielt Endknoten oder Teilstrukturen zwischen zwei Individuen aus, um die Fitness der einzelnen Individuen zu erhöhen. (Quade et al. 2016, S. 3–4) Beide genetischen Operatoren treten jeweils mit einer a priori festgelegten Wahrscheinlichkeit in der Modellbildung auf.

Über die genetischen Operatoren werden so lange neue Generationen erzeugt, bis ein Abbruchkriterium erreicht wird. Dieses kann entweder eine festgelegte Fitness und/oder eine vorgegebene Anzahl an Generationen sein. (Koza 1994, S. 92) Die bestmögliche Fitness kann hierbei erzielt werden, wenn die zugrundeliegenden physikalischen Zusammenhänge identifiziert werden. Dass der Nachweis physikalischer Gesetzmäßigkeiten auf Basis von Experimentaldaten mit der Symbolischen Regression möglich ist, konnten SCHMIDT und LIPSON in (Schmidt und Lipson 2009) anhand verschiedener Beispiele nachweisen.

Der Vorteil der Symbolischen Regression ist, dass neben der Möglichkeit beliebige (komplexe) Zusammenhänge parameterfrei abzubilden, die entstandenen Modelle als White-Box Modell für den Menschen einfach interpretier- und auswertbar sind (Petersen et al. 2021, S. 1). In Forschungsarbeiten konnte gezeigt werden, dass über die Symbolische Regression Naturgesetze beschrieben werden können, ohne das a priori Wissen über die physikalischen, kinematischen und geometrischen Zusammenhänge vorausgesetzt wird (Lu et al. 2016, S. 1). Beispiele sind das Hamiltonsche und Lagrangesche Gesetz (Schmidt und Lipson 2009).

Beispiele für die erfolgreiche Anwendung der Symbolischen Regression sind weiterhin die modellbasierte Wissensextraktion in den Materialwissenschaften (z. B. (Sun et al. 2019; Wang et al. 2019)), dynamischen Systemen wie einem Oszillator, der Solarenergie oder Wettervorhersagen (z. B. (Quade et al. 2016; Stanislawska et al. 2012)) und der Biologie (z. B. (Schmidt et al. 2011)). ORZECHOWSKI ET AL. verglichen in (Orzechowski et al. 2018) anhand diverser Beispiele die Performance (gemessen über Modellfehler) verschiedener Machine Learning Algorithmen. Neben der Symbolischen Regression wurden in der Benchmark Studie neun weitere Algorithmen untersucht. Die neun Algorithmen umfassen u. a. ein Random Forest Regressor und ein Kernel Ridge. Die Untersuchung zeigte, dass die Symbolische Regression in den Beispielen übergreifend die besten Performance-Bewertungen erzielen konnte.

Neben den diversen Vorteilen und erfolgreichen Anwendungen der Symbolische Regression werden verschiedene Herausforderungen im Zusammenhang mit der Symbolischen Regression in Forschungsarbeiten genannt. Die am häufigsten genannte Herausforderung ist hierbei, neben dem allgemein bei überwachten Lernverfahren zu betrachtenden Overfitting (u.a (Eggermont 2005; Chen 2018; Orzechowski et al. 2018)), der für die Symbolische Regression charakteristische Bloating-Effekt (u. a.

(Eggermont 2005; Quade et al. 2016; Kronberger et al. 2011; Trujillo et al. 2013; Eggermont 2005)). Weiterhin sind für die Anwendung der Symbolischen Regression Hyperparameter festzulegen, sodass die optimale Auswahl der Hyperparameter (u. a. (Orzechowski et al. 2018; Aldeia und França 2020) ebenfalls zu untersuchen ist.

Als *Bloating-Effekt* wird die exzessive Länge von Modellgleichungen bezeichnet. Exzessiv bedeutet in diesem Fall unnötig lang und schließt vor allem die Integration von Teilstrukturen des Baums der Symbolischen Regression ein, die keinen Effekt auf die Performance des Endergebnisses haben. (Quade et al. 2016, S. 2) Der Bloating-Effekt führt dazu, dass die resultierenden Modelle zum einen semantisch schlechter verständlich sind. Zum anderen kann der Bloating-Effekt aufgrund des Vorgehens der Modellbildung in der Symbolischen Regression (k Individuen über g Generationen) zu einem erhöhten Rechenaufwand führen. (Eggermont 2005, S. 81) Die Gründe, warum der Bloating-Effekt auftritt, sind bis heute nicht vollständig verstanden. Verschiedene Theorien zur Entstehung des Effekts, werden in (Silva 2008, S. 6–10) beschrieben. SILVA beschreibt zudem in (Silva 2008) verschiedene Methoden zur Verhinderung des Bloating-Effekts und entwickelt zusätzlich zwei neue Ansätze. Bei den Methoden handelt es sich u. a. um das statische obere Limit nach KOZA, die lineare parametrische Parsimonie und dem Double Tournament als vielversprechendste Methoden. Das statische obere Limit beschreibt eine feste Anzahl an Knoten, die nicht überschritten werden darf. Die lineare parametrische Parsimonie beschreibt eine Funktion bestehend aus der Fitness und der Größe der Baumstruktur. Die lineare parametrische Parsimonie entspricht der multikriteriellen Optimierung, welche u. a. auch in (Quade et al. 2016) beschrieben wird. Große Individuen werden entsprechend abgestraft, sodass kurze Modellgleichungen bei gleicher Fitness besser bewertet werden. Beim Double Tournament werden zwei separate Bewertungen vorgenommen – zum einen wird die Fitness bewertet, zum anderen die Größe. Über eine entsprechende Gewichtung werden die Ergebnisse anschließend zusammengeführt. Die beiden entwickelten Methoden sind die Methoden des *Dynamisches Limits* und des *Ressourcen-basierten Limits.* Das Dynamische Limit setzt, genauso wie das statische Limit nach KOZA, eine maximale Größe für die Baumstruktur. Die maximal erlaubte Größe wird jedoch über die Generationen hinweg angepasst. So startet der Algorithmus mit einem recht kleinen Limit und erlaubt dann über die Zeit größer werdende Baumstrukturen. So kann das exponentielle Ansteigen der Bäume eingedämmt werden. Ressourcen-basierte Limits können entweder die Anzahl der Knoten als Ressourcen definieren oder aber auch die Größe der Populationen anpassen. (Silva 2008)

Alle Methoden wurden durch SILVA an verschiedenen Anwendungsfällen getestet und hinsichtlich ihrer Performance bewertet. Kriterien hierfür sind die erreichte Fitness, die genutzten Ressourcen in Zusammenhang mit der durchschnittlichen Größe der Baumstruktur und die genutzten Ressourcen im Zusammenhang mit der besten erreichten Fitness. Bei den Untersuchungen für den Anwendungsfall der Regression erzielten vor allem die Methoden des Double Tournaments und der lineare parametrische Parsimonie sehr gute Ergebnisse. Für die vorliegende Forschungsarbeit wird die lineare parametrische Parsimonie als Grundlage der weiteren Untersuchungen genommen, da sie bei gleicher Performance einen geringeren Ressourcendarf in Verbindung mit der besten erreichten Fitness aufweist (Silva 2008, S. 90) und in weiteren Forschungsarbeiten (u. a. (Quade et al. 2016; Castelli et al. 2010) die lineare parametrische Parsimonie als Grundlage genommen wird. Es bleibt jedoch zu untersuchen, inwiefern die lineare parametrische Parsimonie auch auf den Anwendungsfall der Modellbildung für die Messunsicherheitsbestimmung komplexer Messprozesse anwendbar ist.

Als *Overfitting* wird die übermäßige Anpassung an die Trainingsdaten und eine daraus resultierende schlechte Generalisierung des zugrundeliegenden Zusammenhangs bezeichnet. Folglich können zwar die Zusammenhänge der Trainingsdaten über das Modell gut erklärt werden, dem Algorithmus unbekannte neue Daten jedoch nicht. (Ying 2019, S. 1) Sowohl der Bloating-Effekt als auch das Overfitting führen in vielen Fällen zu einem Anstieg der Länge von Modellgleichungen. Folglich sind die beiden Effekte nur schwer voneinander zu trennen. Der komplexe Zusammenhang der beiden Effekte ist bis heute nicht vollständig verstanden (Castelli et al. 2010, S. 1).

Da der Effekt des Overfittings, im Gegensatz zum Bloating Effekt, bei allen überwachten Machine Learning Algorithmen zu beachten ist, sind mögliche Gegenmaßnahmen bereits vielfach untersucht und erfolgreich angewendet. Eine Gegenmaßnahme ist hierbei die Kreuzvalidierung, für welche aufgrund der Einfachheit häufig die *Single Hold Out* Methode genutzt wird. Bei der Single Hold Out Methode werden wiederholt zufällig Daten aus dem gesamten Datensatz in einen Testdatensatz und einen Trainingsdatensatz eingeteilt. Üblicherweise enthält der Testdatensatz ca. 10% - 30% der Daten. Die restlichen Daten werden für das Training des Algorithmus genutzt. Auf Basis der Trainingsdaten wird ein Modell erstellt, welches anschließend auf den Testdatensatz angewendet wird. Unterliegt das Modell dem Overfitting-Effekt, ist die auf dem Testdatensatz bestimmte Modellgüte deutlich schlechter als die Modellgüte, welche auf dem Trainingsdatensatz bestimmt wurde. Der Algorithmus kann anschließend ein neues Modell bilden, um die Diskrepanz der Modellgüten zu reduzieren. (Daniel Berrar 2018, S. 1–3) Aufgrund der weiten Verbreitung und vielfach positiven Anwendung wird dieses Vorgehen für die vorliegende Forschungsarbeit übernommen.

Übergreifend wird die Symbolische Regression, wie auch beispielweise ein neuronales Netz, über diverse *Hyperparameter* definiert (z. B. die Wahrscheinlichkeit einer Mutation). Im Gegensatz zu Modellparametern können Hyperparameter nicht aus den Datensätzen ermittelt und optimiert werden. Hyperparameter werden a priori festgelegt und bilden allgemein die Grundlage für die Machine Learning Modellbildung. Um valide Modelle zu erhalten, sind die entsprechenden Hyperparameter zu optimieren. Die Optimierung kann manuell oder basierend auf Algorithmen geschehen. (Yang und Shami 2020, S. 296) Die Hauptgründe, warum der Prozess der Hyperparameteroptimierung automatisiert werden sollte, sind nach YANG UND SHAMI:

1. Der menschliche Aufwand wird reduziert. Die manuelle Optimierung benötigt viel Zeit und Expertise. Beide Faktoren steigen jeweils mit dem Anstieg der Datensatzgröße sowie der Komplexität und Anzahl der Hyperparameter des Modellbildungsalgorithmus
2. Die automatisierte Hyperparameteroptimierung liefert in vielen Fällen bessere Ergebnisse, da Hyperparameter häufig mehrere (lokale) Optima besitzen, welche manuell nur schwer zu identifizieren sind.
3. Die Modelle sind vergleichbarer. Nur wenn der gleiche (automatisierte) Optimierungsprozess durchlaufen wird, kann ein fairer Vergleich von Modellen stattfinden. (Yang und Shami 2020, S. 297)

Für einen (vorliegenden) kleinen Untersuchungsraum der Hyperparameter Konfiguration empfehlen YANG UND SHAMI auf Basis ihrer Untersuchung eine Bayes´sche Optimierung (BO) (Yang und Shami 2020, S. 55). Bei der Anwendung auf verschiedene Problemstellung kann die BO die Verteilung der Zielfunktion über ein entsprechendes Ersatzmodell modellieren (z. B. *Gaußprozess* (GP) oder *tree-structured Parzen estimators* (TPE))[1]. Allgemein beschreibt die Zielfunktionen innerhalb der Algorithmen zur Hyperparameteroptimierung das Optimierungsproblem einer Metrik zur Bewertung der Modellgüte. Im Gegensatz zu den weit verbreiteten Optimierungsalgorithmen *Grid Search* und *Random Search* beziehen BO-Algorithmen die zurückliegenden Ergebnisse mit ein. Der Grid Search Algorithmus nutzt vorgegebene Ausprägungen der Hyperparameter und untersucht die jeweiligen Kombinationen. Bei drei Hyperparametern mit jeweils drei Ausprägungen ergibt sich somit ein Untersuchungsraum von 27 Versuchen. Beim Random Search Algorithmus werden jeweils nur die Wertebereiche der Hyperparameter sowie die Versuchsanzahl vorgegeben und der Algorithmus variiert die Kombination zufällig. (Yang und Shami 2020, S. 3–4)

Für die vorliegende Forschungsarbeit wird aufgrund der Vorarbeiten von YANG UND SHAMI die BO mit den beiden Algorithmen GP und TPE sowie aufgrund der weiten Verbreitung die beiden Algorithmen Grid Search (u. a. (Haider et al. 2021; Weng et al. 2020) und Random Search (u. a. (Li und Talwalkar 2020; Liashchynskyi und Liashchynskyi 2019)) gewählt. Da jedoch keine Anwendung auf die Symbolische Regression im Zusammenhang mit dem Anwendungsfall der Modellbildung zur Messunsicherheitsbestimmung komplexer Messprozesse und den damit verbundenen Herausforderungen (u. a. Anzahl der Datenpunkte, Komplexität der Zusammenhänge) bekannt ist, kann keine weitere Eingrenzung der Algorithmen getroffen werden. Somit kann die Güte der Ergebnisse bei der Anwendung der Algorithmen auf die gegebene Problemstellung aktuell nicht abgeschätzt werden und stellt eine Forschungslücke dar, welche in der vorliegenden Forschungsarbeit untersucht wird.

[1] Für eine detaillierte Beschreibung der BO-Algorithmen sei auf (Eggensperger et al. 2013) verwiesen.

2.2.6 Zwischenfazit zur Modellbildung

Die Analyse des Stands der Technik und Forschung im Bereich der Modellbildung für die Messunsicherheitsbestimmung hat gezeigt, dass verschiedene mathematisch-analytische und experimentelle Verfahren existieren. Bei der Analyse der Verfahren wird deutlich, dass bei mathematisch-analytischen Modellbildungsverfahren viel methodisches Wissen sowie Kenntnisse über den Messprozess notwendig sind. Aus diesem Grund lösen in der Modellbildung zur Messunsicherheitsbestimmung intelligente Algorithmen die rein mathematisch-analytischen Verfahren immer mehr ab. Zwar konnten Verfahren basierend auf intelligenten Methoden identifiziert werden, welche prinzipiell auch bei komplexen Messprozessen zu validen Modellen und Messunsicherheitsangaben führen, diese weisen jedoch jeweils mindestens eins der folgenden Defizite auf:

1. Fehlende Interpretierbarkeit aufgrund einer Black Box Modellierung
2. Hoher Versuchsaufwand
3. Hoher Modellierungsaufwand
4. Notwendigkeit eines hohen Maßes an Expertise in der Festlegung der Struktur und Hyperparameter des Algorithmus

Eine mögliche Lösung, um den Defiziten zu begegnen, ist die Symbolische Regression, welche bisher in anderen Forschungsbereichen vielversprechende Ergebnisse geliefert hat. Als parameterfreier Modellbildungsalgorithmus bietet die Symbolische Regression gute Voraussetzungen für die Anwendung in der Modellbildung zur Messunsicherheitsbestimmung komplexer Messprozesse, da ohne a priori Annahmen der Modellstruktur White Box Modelle gebildet werden können. In der Analyse des Stands der Technik und Forschung konnten jedoch folgende Herausforderungen identifiziert werden, welche insbesondere für die Anwendung in der Messunsicherheitsbestimmung noch nicht gelöst wurden:

1. Unnötig lange Modellgleichungen aufgrund des Bloating-Effekts
2. Anwendbarkeit der linearen Parsimonie/ multikriteriellen Optimierung auf die Modellbildung zur Messunsicherheitsbestimmung komplexer Messprozesse noch nicht überprüft
3. Auswahl von optimalen Hyperparametern
4. Auswahl eines geeigneten Algorithmus für die Hyperparameteroptimierung

Weiterhin ist die Integration von Erfahrungswissen in die Modellbildung bei der Anwendung in der Messunsicherheitsbestimmung zu überprüfen und zu analysieren. Die Integration selbst ist zwar prinzipiell möglich, in der Anwendung stellt die Integration jedoch häufig eine Herausforderung dar (Jin et al. 2019, S. 1). Um dieser Herausforderung zu begegnen, ist zu ermitteln, wie das Erfahrungswissen modelliert sein muss, um es in den Modellbildungsalgorithmus zu integrieren. Weiterhin ist zu untersuchen, wie das Erfahrungswissen aussehen muss, damit ein positiver Effekt auf das Endresultat erzielt werden kann. Fraglich ist, inwiefern fälschlicherweise integriertes Erfahrungswissen, z. B. falsche funktionale Zusammenhänge, identifiziert und rausgefiltert werden können.

2.2.7 Modellvalidierung

Im vierten Schritt der VDI/VDE 2600-2 wird das erstellte Modell aus Schritt 3 (Kapitel 2.2.5) verifiziert und validiert. Die Verifizierung und Validierung des Modells stellen sowohl die Anwendbarkeit des Modells als auch eine ausreichend hohe Modellgüte für den entsprechenden Anwendungsfall sicher. Modellen ist inhärent, dass sie nur eine Teilmenge der realen Zusammenhänge abbilden können. Modelle stellen somit ein vereinfachtes Abbild der Wirklichkeit dar und kennzeichnen sich nach der allgemeinen Modelltheorie von STACHOWIAK mindestens durch eins der drei folgenden Merkmale aus:

- *Abbildung*: Modelle repräsentieren ein Abbild von einem natürlichen oder künstlichen Original. Hierbei kann das Original selbst ein Modell sein.
- *Verkürzung*: Modelle beschreiben nicht alle Attribute des zu repräsentierenden Originals, sondern lediglich die Attribute, welche für den Anwendungsfall relevant erscheinen.
- *Pragmatismus*: Modelle sind nicht zwangsläufig den entsprechenden Originalen zugeordnet. Sie erfüllen ihre Ersatzfunktion
    - für bestimmte modellgebundene Subjekte,
    - innerhalb eines bestimmten Zeitintervalls oder
    - beschränkt auf bestimmte mentale oder tatsächliche Operationen. (Stachowiak 1973)

Bildet man ein Modell für die Messunsicherheitsbestimmung, so ist die Validität des Modells sicherzustellen. (VDI/VDE 2600-2, S. 18–21) Hierbei beschreibt die Validität die Fähigkeit, den zugrundeliegenden Zusammenhang der Realität ausreichend abzubilden. (Kleijnen 1995, S. 145) Modelle werden für spezifische Anwendungsfälle gebildet und sind dementsprechend auch in Hinblick auf diesen Anwendungsfall und den damit verbundenen Anforderungen zu validieren (Sargent 2010, S. 157). Aufgrund der beschriebenen Modelltheorie nach STACHOWIAK können Modelle jedoch nie abschließend validiert werden. Bei der Validierung stehen die Kosten der Modellvalidierung, für einen entsprechenden Grad der Validierung, dem Nutzen des jeweiligen Modells für die Messunsicherheitsbestimmung gegenüber. Die Kosten für die Validierung steigen exponentiell mit dem zu erreichenden Grad der Validierung, während die Kurve des Modellnutzens über einen abnehmenden Grenznutzen beschrieben wird. (VDI/VDE 2600-2, S. 19) Der Zusammenhang ist in Abbildung 2-8 dargestellt. In der Abbildung ist zu erkennen, dass ab einem bestimmten Grad der Validierung die Kosten der Validierung den Nutzen der hohen Modellgüte überschreiten.

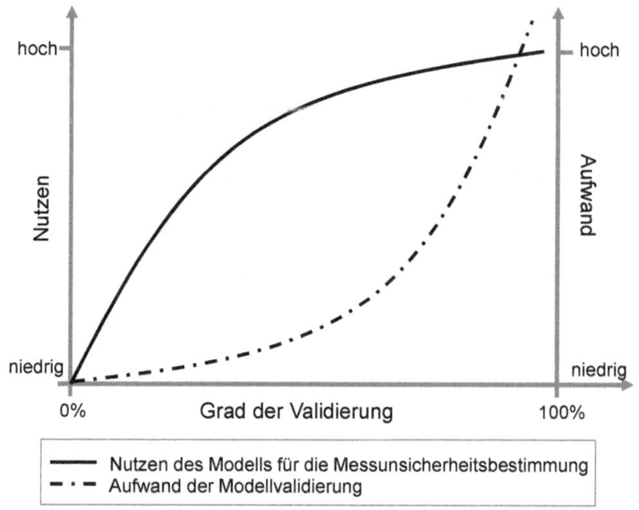

Abbildung 2-8 Gegenüberstellung des Nutzens des Modells für die Messunsicherheitsbestimmung mit dem Aufwand der Modellvalidierung nach (VDI/VDE 2600-2, S. 19)

Modelle können auf verschiedene Arten beschrieben werden. Nutzt man zu Messunsicherheitsbestimmung das Verfahren nach GUM (JCGM 100:2008) wird eine Modellgleichung der Form $Y = f(X_1, X_2, \dots, X_N)$ gefordert. Nach VDI/VDE 2600-2 können die Verfahren zur Modellvalidierung in der Messunsicherheitsbestimmung in die Modellvalidierung mit empirischen Daten und in die Modellvalidierung ohne empirische Daten unterteilt werden. Stehen keine empirischen Daten zur Verfügung, können analytische Verfahren genutzt werden. (VDI/VDE 2600-2, S. 14)

Rein analytische Verfahren basieren auf Expertenwissen. Dieses Wissen ermöglicht es, bei Analysen, qualitative Aussagen über einzelne Effekte und die Güte des Modells zu treffen; quantitative Aussagen sind jedoch nicht möglich. Der erreichbare Grad der Validierung ist dementsprechend niedrig. Eine weitere Möglichkeit, ohne Experimentaldaten ein Modell zu validieren, ist die Simulation von Messwerten. Hierzu werden die Eingangsgrößen in dem zu erwartenden Parameterraum variiert (z. B. über eine Monte Carlo Simulation) und das Modellergebnis wird anschließend durch einen Experten auf Plausibilität geprüft. (VDI/VDE 2600-2, S. 20–21) Weitere Validierungsmethoden die über die Simulationsdaten angewendet werden können, sind durch SARGENT beschrieben (Sargent 2012). Über die Simulation der Daten können Extremzustände simuliert werden. Ein valides Modell sollte auch in Extremzuständen einen plausiblen Output generieren. Alternativ können die Simulationsergebnisse mit bestehenden, validen Modellen verglichen werden. (Sargent 2010, S. 161–162)

Der Nachteil der Validierungsverfahren ohne empirische Daten besteht darin, dass die beschriebenen Verfahren zur Modellvalidierung es zwar ermöglichen, Modelle auf strukturelle Fehler hin zu überprüfen, systematische Fehler oder die Vollständigkeit der zu betrachtenden Einflussgrößen jedoch nicht betrachtet werden. Aus diesem Grund ist in der Validierung von Modellen zur Messunsicherheitsbestimmung die Validierung mittels empirischer Daten zu bevorzugen. (VDI/VDE 2600-2, S. 20–21)

Bei der Validierung von Modellen mit empirischen Daten werden die Modellergebnisse mit den Realdaten abgeglichen und entsprechende Abweichungen werden analysiert. Für die Validierung mittels Realdaten sollen Experimente genutzt werden, welche nicht bereits zur Modellbildung verwendet wurden. Diese zusätzlichen Daten können entweder nach der Modellbildung durch weitere Experimente erzeugt oder über verschiedene Techniken der Kreuzvalidierung dem Algorithmus in der Modellbildungsphase vorenthalten werden. (Browne 2000, S. 108)

Für die quantitative statistische Bewertung der Modellgüte unterteilen MORIASI ET AL. die Methoden in drei Kategorien: Standard Regression, dimensionslose Kennzahlen und Fehlerindices. (Moriasi et al. 2007, S. 886–887)

Standard Regression

Bei den Methoden der Standard Regression werden die Realwerte den Modellwerten in einem zweidimensionalen Koordinatensystem gegenübergestellt und über eine lineare Regression der Form $y_{real} = m * x_{modell} + b$ ausgewertet. Im Idealfall entsteht so eine Ursprungsgerade der Form $y_{real} = x_{modell}$ (Willmott 1981, S. 191). Abweichungen von der Geraden im Koordinatenursprung oder in der Steigung reduzieren entsprechend die Modellgüte. Bei diesem Vorgehen wird vorausgesetzt, dass ein linearer Zusammenhang zwischen den Modell- und den Realwerten besteht. Kennwerte, die auf Basis der Regression die Modellgüte beschreiben, sind unter anderem der Pearson-Korrelationskoeffizient (r) sowie das Bestimmtheitsmaß (R^2). (Moriasi et al. 2007, S. 887)

Kritisch ist, dass bei der Nutzung der Regressionsmethoden davon ausgegangen wird, dass die Realwerte frei von Abweichungen sind. Da aufgrund von Messunsicherheiten die Realwerte niemals frei von Abweichungen sind, ist diese Methode nach MORIASI ET AL. nur unter größter Vorsicht zu verwenden. (Moriasi et al. 2007, S. 887) Sowohl der Pearson-Korrelationskoeffizient als auch das Bestimmtheitsmaß sind weit verbreitete Kennwerte zur Bewertung der Modellgüte. Beide Kennwerte sind jedoch überempfindlich gegenüber Extremwerten (Ausreißern) und unempfindlich gegenüber einem systematischen Versatz zwischen Modell- und Realwerten. (Legates und McCabe 1999, S. 234)

Dimensionslose Kennzahlen

Dimensionslose Kennzahlen ermöglichen, wie die Bewertung über die Standard Regression, einen Vergleich und eine Bewertung von Modellen. Im Gegensatz zur Standard Regression werden die Daten jedoch nicht über eine Regression miteinander verglichen und anschließend bewertet. Dimensionslose Kennzahlen analysieren direkt die Abweichungen über einen Vergleich zwischen den Realdaten mit den Ergebnissen der Modelle. (Willmott 1981, S. 191–193)

Die bekannteste dimensionslose Kennzahl ist der *Index of Agreement* von WILLMOTT (Willmott 1981). Der Index of Agreement ist ein auf den Wertebereich $[0; 1]$ standardisiertes Maß für die Beschreibung eines Modellfehlers. Ein Wert von 1 beschreibt eine vollständige Übereinstimmung zwischen den gemessenen Werten und den durch das Modell bestimmten Werten. Ein Wert von 0 beschreibt das vollständige Fehlen einer Übereinstimmung. Der Index of Agreement beschreibt das Verhältnis zwischen dem mittleren quadrierten Fehler und dem „potenziellen Fehler". Der potenzielle Fehler ist hierbei die Summe der quadrierten Absolutwerte der Abstände von den Modellwerten zum mittleren gemessenen Wert und der Abstände von den gemessenen Werten zum mittleren gemessenen Wert. Der Index vermag additive als auch proportionale Differenzen zwischen Modell- und gemesseneren Werten in Mittelwerten als auch Varianz zu detektieren. (Willmott 1981, S. 191–193) Aufgrund von quadrierten Abweichungen reagiert der Index jedoch übermäßig sensitiv gegenüber Ausreißern und Extremwerten (Legates und McCabe 1999, S. 235).

Weitere dimensionslose Kennzahlen sind unter anderem die *Nash-Sutcliffe efficiency*, die *persistance model efficiency*, die *prediction efficiency* und die *performance virtue statistic*. Diese Kennzahlen finden in der Literatur jedoch nur wenig Anwendung (Moriasi et al. 2007, S. 887–888). KRAUSE ET. AL konnten zeigen, dass auch weitere dimensionslose Kennzahlen (u. a. Nash-Sutcliffe effiency) sehr sensitiv gegenüber Extremwerten reagieren (Krause et al. 2005). Es konnte zudem gezeigt werden, dass systematische Fehler durch die dimensionslosen Kennzahlen nicht zuverlässig detektiert werden konnten. (Krause et al. 2005, S. 96)

Fehlerindices

Im Gegensatz zu den dimensionslosen Kennzahlen beschreiben die Fehlerindices die Abweichung der Modell- von den Realwerten in der entsprechend verwendeten Einheit (oder quadrierten Einheit). In vielen Fällen vereinfacht das die entsprechende Interpretation in der Analyse der Ergebnisse. (Moriasi et al. 2007, S. 888–889) Am weitesten verbreitet sind die Fehlerindices Mean Absolute Error (MAE), der Mean Square Error (MSE) und der Root Mean Square Error (RMSE) (Chai und Draxler 2014, S. 1247).

Der MAE ist definiert über:

$$MAE = \frac{1}{n}\sum_{i=1}^{n}\left|y_{modell;i} - y_{real;i}\right|.$$

Der mittlere absolute Fehler beschreibt die Abweichungen zwischen den Modellwerten und den Realwerten, ohne eine Gewichtung der Abweichungsgröße einzubeziehen.

Für den MSE gilt:

$$MSE = \frac{1}{n}\sum_{i=1}^{n}\left(y_{modell;i} - y_{real;i}\right)^2.$$

Der mittlere quadrierte Fehler beschreibt, genauso wie der MAE, die Abweichung zwischen Modellwerten und Realwerten, jedoch werden größere Abweichungen durch das Quadrieren des Fehlerterms proportional stärker gewichtet.

Der RMSE bestimmt sich über den MSE zu:

$$RMSE = \sqrt{\frac{1}{n}\sum_{i=1}^{n}\left(y_{modell;i} - y_{real;i}\right)^2}$$

Durch das Ziehen der Quadratwurzel aus dem mittleren quadrierten Fehler ergibt sich der RMSE. Die Ähnlichkeit zur Standardabweichung ermöglicht eine einfachere Interpretation des Ergebnisses und der RMSE ist somit in der Anwendung weiter verbreitet als z. B. der MSE (Willmott und Matsuura 2005, S. 79).

Da die Division durch n und die Quadratwurzel den gesamten quadratischen Fehler skalieren, folgt, dass der MSE und RMSE zusammen mit dem gesamten quadratischen Fehler (bei gleichbleibenden MAE) größer werden, wenn die Varianz der Fehlerbeträge zunimmt. Mathematisch kann aus dem Zusammenhang zwischen RMSE und MAE der Wertebereich des RMSE zu $MAE \leq RMSE \leq n^2 \times MAE$ mit n als Anzahl der Datenpunkte abgeleitet werden. Die Zusammenhänge verdeutlichen, dass der RMSE nicht ausschließlich von den Abweichungen zwischen Modell und Realität beeinflusst werden, sondern auch durch die Verteilung der Abweichungen und der Anzahl der Datenpunkte (n^2). (Willmott und Matsuura 2005, S. 80–82) Diese Abhängigkeiten führen dazu, dass bei der Interpretation des RMSE zwingend die Randbedingungen des Modells, der Daten und der Modellbildung selbst zu betrachten sind. Dies gilt vor allem beim Vergleich zweier Modelle, da durch abweichende Randbedingungen die Vergleichbarkeit des jeweils bestimmten RMSE nicht zwingend gegeben ist.

Vorteile bietet die Nutzung des RMSE gegenüber des MAE vor allem dann, wenn weitere Schlüsse über die Verteilung des Modellfehlers gezogen werden sollen. So konnten Chai und Draxler in (Chai und Draxler 2014) zeigen, dass die Rekonstruktion der Fehlerverteilung durch dem RMSE aufgrund der zugrundeliegenden Normalverteilung zu deutlich besseren Ergebnissen geführt hat als durch den MAE, welchem eine Gleichverteilung zugrunde liegt. Die Güte der Rekonstruktion ist zwar übergreifend von der Größe der Datenbasis abhängig, da Modellfehler jedoch in vielen Fällen eher einer Normalverteilung folgen, als einer Gleichverteilung, bietet der RMSE bei gleicher Datenbasis häufig Vorteile. (Chai und Draxler 2014, S. 1248)

2.2.8 Zwischenfazit zur Modellvalidierung

Es konnten diverse Möglichkeiten zu Bewertung einer Modellgüte und zur Modellvalidierung identifiziert und bewertet werden. Die Analyse hat jedoch gezeigt, dass kein Kriterium und keine Methode alle der folgenden Aspekte berücksichtigt, welche jedoch die Grundlage für eine Modellvalidierung in der Messunsicherheitsbestimmung bilden:

- Berücksichtigung der Unsicherheit in den Ausgangsdaten
- Angabe eines Wertebereichs, auf dem das Modell als ausreichend valide angesehen werden kann
- Festlegung der kritischen Modellgüte (= Grad der erlaubten Abweichung zwischen Modell und Realdaten) durch den Anwendenden
- Robustheit gegenüber Ausreißern
- Detektion systematischer Fehler

Die Kriterien begründen sich darin, dass Messdaten inhärent unsicherheitsbehaftet sind. Dies sollte insbesondere bei der Modellvalidierung in der Messunsicherheitsbestimmung Berücksichtigung finden. Des Weiteren ist insbesondere bei der Modellbildung von komplexen Messprozessen der Modellbildungsaufwand (unabhängig von der Modellierungsart) sehr hoch. Das Widerlegen der Modellvalidität führt zwingend zu einer Neubildung (oder mindestens zu einer Anpassung) des Modells und ist mit einem erhöhten Aufwand verbunden. Sollten beispielsweise nur Randbereiche des Wertebereichs sehr große Abweichungen zwischen Modell und Realität aufweisen, ist es sinnvoll, dass es dem Anwender überlassen wird, ob er den Gültigkeitsbereich des Modells (und der späteren Messunsicherheitsbetrachtung) einschränkt und den Aufwand einer Neumodellierung einspart oder das Modell in den entsprechenden Randbereichen anpasst. Die geführte Einbindung des Anwenders in die Festlegung des Grenzwerts zur Bewertung der kritischen Modellgüte kann ebenfalls dazu führen, möglichen Mehraufwand durch Widerlegen der Validität und Neubilden des Modells zu vermeiden. Je nach Anforderungen an die Modellgüte (und die Güte der späteren Messunsicherheitsbestimmung) können so unterschiedliche Grenzwerte in der Validitätsbewertung festgelegt werden.

2.2.9 Messunsicherheitsbestimmung

Das Verfahren der VDI 2600-2 schließt mit der modellbasierten Messunsicherheitsbestimmung im fünften Schritt ab. Hierzu wird jedoch kein eigenes Verfahren vorgestellt, sondern auf das bereits beschriebene Verfahren nach GUM (Methode A und B sowie die Bestimmung der kombinierten Messunsicherheit) (JCGM 100:2008) verwiesen. (VDI/VDE 2600-2, S. 21) Die Bestimmung der Messunsicherheit über das Verfahren nach GUM konnte in den Beispielen der Richtlinie an verschiedenen komplexen Messprozessen angewendet und validiert werden. Gleiches gilt für Messunsicherheitsbestimmungen in der aktuellen Forschung (u. a. (Voigtmann 2020; Chandrasekaran et al. 2020; Sousa et al. 2019; Crenna und Rossi 2020)). Eine weitere Betrachtung ist deshalb in der vorliegenden Forschungsarbeit nicht vorgesehen.

2.3 Forschungsbedarf

Die Analyse des Stands der Technik und Forschung hat gezeigt, dass die Messunsicherheitsbestimmung selbst, auch für komplexe Messprozesse, durch den GUM abgedeckt wird. In der Anwendung stellt jedoch insbesondere die Modellbildung und die damit verbundene Bestimmung der relevanten Einflussgrößen sowie die Modellvalidierung für komplexe Messprozesse als Grundlage für die Messunsicherheitsbestimmung eine Herausforderung dar.

Aus den in den Kapiteln 2.2.1 bis 2.2.9 hergeleiteten Defiziten ergibt sich der Forschungsbedarf nach einem intelligenten Verfahren zur validen White Box Modellbildung in der Messunsicherheitsbestimmung komplexer Messprozesse, welches den Versuchs- sowie Modellierungsaufwand reduziert und ein möglichst geringes Maß an Expertise voraussetzt. Als möglicher Algorithmus, um diesen Defiziten zu begegnen, konnte die Symbolische Regression identifiziert werden. Folglich ergibt sich folgende Hauptforschungsfrage:

> *Kann mittels Symbolischer Regression aufwandsarm ein valides White Box Modell der Messung für die Messunsicherheitsbestimmung komplexer Messprozesse erstellt werden?*

Zur objektiven Beantwortung dieser Fragestellung muss zunächst die Zielgröße, die Validität des Modells, quantifizierbar beschrieben werden. Eine Modellbildung für die Messunsicherheitsbestimmung muss, unabhängig von dem genutzten Verfahren oder Algorithmus, zu validen Ergebnissen führen. Dementsprechend ist ein Verfahren zur Modellvalidierung auch unabhängig von dem Modellbildungsalgorithmus zu entwickeln. Um im Verlauf der Forschungsarbeiten die Eignung der mittels Symbolischer Regression erstellten Modelle für die Modellbildung in der Messunsicherheitsbestimmung komplexer Messprozesse zu bewerten, wird zunächst ein Verfahren zur Modellvalidierung benötigt. Gleichzeitig birgt die Eingrenzung der Validität eines Modells auf einen bestimmten Messbereich das Potenzial, Modellbildungsaufwände zu reduzieren, indem bestehende nicht-valide Modelle nicht vollständig verworfen werden, sondern ihr Gültigkeitsbereich eingeschränkt werden. Die erste forschungsleitende Frage lautet folglich:

> *Wie kann die Validität zur Bewertung eines Modells der Messung messbereichsspezifisch quantifiziert werden?*

Die Grundlage für die Erstellung eines Modells der Messung bildet die Kenntnis über die Messgröße und die Einflussgrößen eines Messprozesses. Gemäß GUM sind alle relevanten Einflussgrößen in dem Modell der Messung zu berücksichtigen. Gleichzeitig erhöht die Berücksichtigung zu vieler, nicht relevanter Einflussgrößen den Modellierungsaufwand und den Aufwand für die Messunsicherheitsbestimmung. Bevor die Modellbildung selbst betrachtet werden kann, müssen somit zunächst die Einflussgrößen untersucht werden. Die zweite forschungsleitende Frage lautet folglich:

> *Wie können der Modellierungsaufwand und Aufwand zur Messunsicherheitsbestimmung über eine Relevanzbewertung der Einflussgrößen reduziert werden?*

Nachdem alle relevanten Einflussgrößen identifiziert wurden, folgt die Modellbildung. Hierbei ist die Symbolische Regression aus dem Teilgebiet der genetischen Programmierung des maschinellen Lernens besonders vielversprechend. Sie ist in großen Teilen automatisierbar und ermöglicht prinzipiell eine Verbindung von experimenteller und analytischer Modellbildung. Die dritte forschungsleitende Frage ergibt sich zu:

> *Wie kann die Symbolische Regression als hybrider White Box Modellbildungsansatz für die automatisierte Modellbildung einer Messunsicherheitsbestimmung komplexer Messprozesse genutzt werden?*

Die zur Beantwortung der forschungsleitenden Fragen notwendigen Erkenntnisse werden in den Kapiteln drei bis fünf erarbeitet und in Kapitel sechs validiert. Die Hauptforschungsfrage gilt als positiv beantwortet, wenn die Validierung positiv ausfällt.

3 Quantifizierung der Validität von Modellen zur Messunsicherheitsbestimmung

Um den bisher in der Modellvalidierung bestehenden Defiziten der unterschiedlichen Verfahren zu begegnen und die erste forschungsleitende Frage zu beantworten, wie die Validität zur Bewertung eines Modells der Messung messbereichsspezifisch quantifiziert werden kann, ist ein neues Verfahren zur Modellvalidierung zu entwickeln.

Das neue, vierschrittige Verfahren basiert auf der Standard Regression (vgl. Kapitel 2.2.7) und erweitert diese um die Analyse der Streuung sowie die Bewertung der Modellgüte über die Integration von Konfidenzintervallen. Da das zu entwickelnde Verfahren gemäß den Kriterien aus Kapitel 2.2.7 robust gegen Ausreißer sein soll, Konfidenzintervalle jedoch sensitiv auf Ausreißer reagieren, sind zunächst Ausreißer zu identifizieren (Kapitel 3.1). In den nachfolgenden Kapiteln wird zunächst ein Idealzusammenhang (Kapitel 3.2) inkl. der Berücksichtigung bestehender Unsicherheiten und möglicher Abweichungen über Konfidenzintervalle modelliert. In Kapitel 3.3 wird der Realzusammenhang modelliert und um ein Konfidenzintervall ergänzt. Das Verfahren schließt mit einem Abgleich der Konfidenzintervalle als Bewertungsgrundlage der Validität (Kapitel 3.4). In dem Zwischenfazit (Kapitel 3.5) werden die Ergebnisse zusammengefasst und bewertet.[2]

3.1 Schritt 0: Datenvorverarbeitung (Ausreißer)

Ausreißer beschreiben Datenpunkte einer Stichprobe, welche in Relation zu einer Mehrzahl der Daten überproportional große Abweichungen aufweisen. Die überproportional großen Abweichungen können zum einen in außergewöhnlichen Ereignissen (z. B. Mess- oder Übertragungsfehler) oder physikalischen Effekten begründet sein. (Cramer und Kamps 2017, S. 33)

Über den Grubbs-Test können solche Ausreißer identifiziert werden. Bei diesem statistischen Test entspricht die Nullhypothese, dass kein Ausreißer vorliegt. Die Alternativhypothese beschreibt entsprechend den statistischen Nachweis eines Ausreißers. Zur Durchführung des Tests werden die n Datenpunkte x_i des Datensatzes in aufsteigender Reihenfolge geordnet und über eine Teststatistik ausgewertet. Um zu testen, ob der größte Datenpunkt ein Ausreißer ist, ergibt sich die Teststatistik zu:

$$G_o = \frac{S_n^2}{S^2} = \frac{\sum_{i=1}^{n-1}(x_i - \overline{x_n})^2}{\sum_{i=1}^{n}(x_i - \bar{x})^2}$$

Für den Test des kleinsten Datenpunktes als Ausreißer ergibt sich die Teststatistik zu:

---

[2] Teile des hier beschriebenen Verfahrens wurden im Verlauf des Forschungsprozesses bereits publiziert: Mueller, T.; Huber, M.; Schmitt, R. H.: Modelling complex measurement processes for measurement uncertainty determination; International Journal of Quality & Reliability Management; Vol. 37 No. 3, S. 494-516; 2020; Code unter: https://github.com/tmueller1/regression-model-validation

$$G_u = \frac{S_n^2}{S^2} = 1 - \frac{1}{n-1}\left(\frac{x_n - \bar{x}}{s}\right)^2$$

Für beide Teststatistiken gilt: $\overline{x_n} = \frac{1}{n-1}\sum_{i=1}^{n-1} x_i$ und $\bar{x} = \frac{1}{n}\sum_{i=1}^{n} x_i$ sowie $s^2 = \frac{1}{n}\sum_{i=1}^{n}(x_i - \bar{x})^2$. (Grubbs 1950, S. 27)

Für einen zweiseitigen Hypothesentest verallgemeinert sich die Betrachtung auf den größten Abstand zwischen einem Datenpunkt x_i und dem Stichprobenmittelwert $\bar{x}$ zu:

$$G = \frac{\max\limits_{i=1,\dots,n} |x_i - \bar{x}|}{s}$$

Das Kriterium zur Ablehnung der Nullhypothese ergibt sich entsprechend zu:

$$G > z_\alpha = \frac{n-1}{\sqrt{n}} \sqrt{\frac{t^2_{\frac{\alpha}{2n},n-2}}{n-2+t^2_{\frac{\alpha}{2n},n-2}}}$$

mit $t_{\beta,m}$ als β-Quantil einer t-Verteilung mit m Freiheitsgraden.

Nachdem die Ausreißer über den Grubbs-Test identifiziert wurden, sind diese zu bewerten. Da Ausreißer nicht zwingend auf außergewöhnlichen Ereignissen basieren und weitere Informationen (z. B. über physikalische Effekte) enthalten können, dürfen die Ausreißer nicht pauschal aus dem Datensatz entfernt werden. Über Aufzeichnungen zu den Versuchen (z. B. Messprotokoll) und u. U. weitere Analysen (z. B. Root Cause Analysis) muss nachgewiesen werden, dass ein Fehler in der Messung vorliegt. Wenn ein Fehler nachgewiesen werden kann, ist dieser gesondert zu dokumentieren und der Datenpunkt kann aus dem Datensatz entfernt werden. Wenn kein Fehler nachgewiesen werden kann, verbleibt der Datenpunkt im Datensatz und wird nicht entfernt. (Cramer und Kamps 2017, S. 135)

Sobald alle auf Fehler basierenden Ausreißer aus dem Datensatz entfernt wurden, kann die Modellvalidität geprüft werden. Im Folgenden seien $y_{real,i}, i = 1, \dots, n$ gemessene Werte eines Testdatensatzes und $y_{model,i}, i = 1, \dots, n$ die entsprechend durch das Modell bestimmten Werte. Über die Methode der Standard Regression ergibt sich eine Abhängigkeit der Form $y_{model} = f(y_{real})$. Dieser Zusammenhang zwischen Realdaten und Modellwerten wird über eine lineare Regression approximiert, sodass gilt:

$$\hat{y}_{modell} = \hat{f}(y_{real})$$

3.2 Schritt 1: Modellierung des Idealzusammenhangs

Im ersten Schritt wird der Idealzusammenhang zwischen Modelloutput und Realdaten modelliert. Zudem wird für die Bewertung der Validität in Schritt 3 die maximal mögliche Abweichung zwischen Idealzusammenhang und dem realen Zusammenhang beschrieben. Für das ideale Modell gilt:

$$y_{model,i} = y_{real,i} \; \forall \, i \in \{1, \dots, n\}$$

Für das ideale Modell bestimmt sich die lineare Regression ($y_i = mx_i + b + \epsilon_i$ mit der Steigung m, einem Schnittpunkt mit der Ordinate b, und einem Fehlerterm ϵ_i) folglich zu $y_{modell,i} = y_{real,i}$ mit einer Steigung $m = 1$ einem Schnittpunkt der Ordinate am Koordinatenursprung ($b = 0$) und einem Fehlerterm, für den gilt: $\epsilon_i = 0 \; \forall \; i \; \in \{1, \dots, n\}$ (s. Abbildung 3-1)

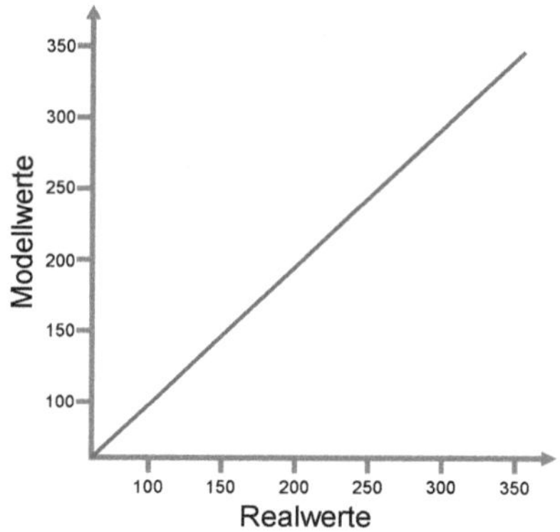

Abbildung 3-1 Darstellung des Idealzusammenhangs zwischen Modell- und Realwerten

Für den perfekten Zusammenhang möge gelten: $\hat{y}_{model}^{optimal} = \hat{f}_{model}^{optimal}(y_{real}) = y_{real}$, wobei $\hat{y}_{model}^{optimal}, i = 1, \dots, n$ die Werte des perfekten Modells darstellen. Für reale Modelle sind jedoch Abweichungen von dem perfekten Zusammenhang zu erwarten ($m \neq 1; b \neq 0$ und $\epsilon_i > 0 \; \forall \; i \in \{1, \dots, n\}$). Entsprechend der Modelltheorie nach STACHOWIAK und dem in Abbildung 2-8 dargestellten Zusammenhang zwischen Nutzen für die Messunsicherheitsbestimmung und Kosten der Validierung sind Abweichungen von dem idealen Zusammenhang in einem gewissen Grad tolerierbar. Der tolerierbare Grad der Abweichung ergibt sich hierbei aus der geforderten Modellgüte und wird über ein Konfidenzintervall in dem Verfahren abgebildet (s. Abbildung 3-2).

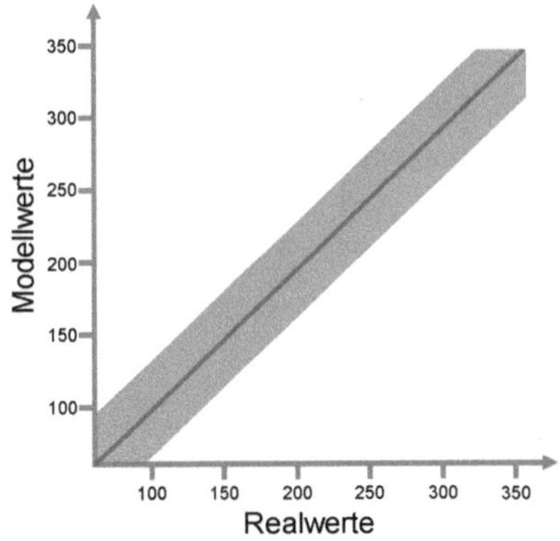

Abbildung 3-2 Konfidenzintervall des Idealzusammenhangs als Beschreibung der maximal erlaubten Abweichung (grüne Fläche)

Für ein Konfidenzintervall CI der allgemeinen linearen Regression gilt nach (Fahrmeir et al. 2016, S. 448):

$$CI_{\hat{f}}\big(x, \alpha; x_1, \dots, x_n, f(x_1), \dots, f(x_n)\big) = \hat{f}(x) \pm t_{n-2,1-\frac{\alpha}{2}}\, \hat{\sigma} \sqrt{1 + \frac{1}{n} + \frac{(x - \bar{x})^2}{\sum (x_i - \bar{x})^2}}$$

mit:

$$\hat{\sigma} = \sqrt{\frac{1}{n-2} \sum \big(\hat{f}(x_i) - f(x_i)\big)^2}$$

als Schätzer für die Standardabweichung. Weiterhin ist $\bar{x}$ der Mittelwert von $x_1, \dots, x_n$, n die Anzahl der genutzten Datenpunkte für die Berechnung der Regressionsgerade und $t_{n-2,1-\frac{\alpha}{2}}$ ist das $\left(1 - \frac{\alpha}{2}\right)$-Quantil der Studentschen t-Verteilung mit $(n-2)$ Freiheitsgraden. Ausgehend vom idealen Zusammenhang wird somit eine Abweichung von $\pm\frac{\alpha}{2}$ in jedem Punkt der Regression als Abweichung zwischen dem Idealzusammenhang und den realen Ergebnissen definiert, welche für ein valides Model toleriert wird. Dieser Zusammenhang lässt sich beschreiben als:

$$\left|\hat{f}_{model}^{optimal}\left(y_{real,i}\right) - f_{model}^{optimal}(y_{real,i})\right| = \left|y_{real,i} - y_{model,i}^{optimal}\right| \leq \frac{\alpha}{2}.$$

Für den Grenzfall der maximalen Abweichung $\left|y_{real,i} - y_{model,i}^{optimal}\right| = \frac{\alpha}{2}\ \forall\, i \in 1, \dots, n$ folgt $\hat{\sigma} = \frac{\alpha}{2}\sqrt{\frac{n}{n-2}}$. Das Ergebnis ist ein Konfidenzintervall um die Regressionsgerade des

Idealzusammenhangs, in dem die Modellwerte liegen dürfen, um das Modell als valide anzuerkennen.

3.3 Schritt 2: Modellierung des Realzusammenhangs

Für die Bewertung des Modells wird der Modelloutput den Realdaten gegenübergestellt und ebenfalls über eine lineare Regression modelliert (s. Abbildung 3-3).

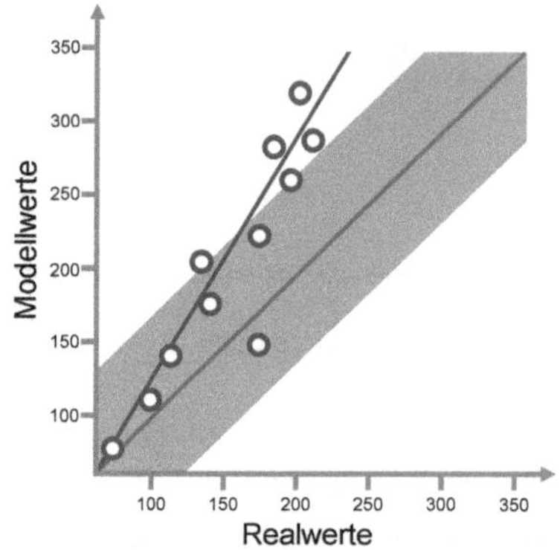

Abbildung 3-3 Realzusammenhang zwischen Modell- und Realwerten (rote Kreise: Datenpunkte; rote Gerade: Regressionsgerade des Realzusammenhangs)

Um die Streuung der Ausgangsdaten zu berücksichtigen, wird auch für die Regressionsgeraden des Realzusammenhangs ein Konfidenzintervall genutzt. Die Größe des $\left(1-\frac{\alpha}{2}\right)$-Konfidenzintervall wird zum einen durch die Daten, zum anderen durch das durch den Anwendenden festgelegte Konfidenzniveau $\left(1-\frac{\alpha}{2}\right)$ beeinflusst. Um die Vergleichbarkeit des Konfidenzintervalls des Realzusammenhangs mit dem Konfidenzintervall des Idealzusammenhangs zu gewährleisten, sollten die gleichen Signifikanzniveaus gewählt werden. Prinzipiell könnten die Signifikanzniveaus jedoch auch unterschiedlich festgesetzt werden. Gründe hierfür könnten z. B. besonders hohe Anforderungen an die Modellgüte bei gleichzeitig vermuteten, aber nicht entfernten (auf physikalischen Effekten beruhenden) Ausreißern im Datensatz sein. Im Gegensatz zu den meisten anderen Anwendungen ist bei der Nutzung des Konfidenzintervalls für die Realdaten die Sensitivität des Konfidenzintervalls gegenüber Ausreißern hilfreich. Die Sensitivität wird genutzt, um durch das Modell nicht (ausreichend) berücksichtigte physikalische Effekte zu bewerten. Da durch den Grubbs-Test in der Datenvorverarbeitung fehlerhafte Messwerte rausgefiltert wurden, basieren verbleibende Ausreißer auf physikalischen Effekten. Sollte das Modell diese physikalischen Effekte nicht abgebildet haben, wird dies im Konfidenzintervall des Realzusammenhangs verdeutlicht und kann in Schritt 3, der Bewertung der Validität, berücksichtigt werden. Das Konfidenzintervall des Realzusammenhangs ist in Abbildung 3-4 als rote Fläche dargestellt.

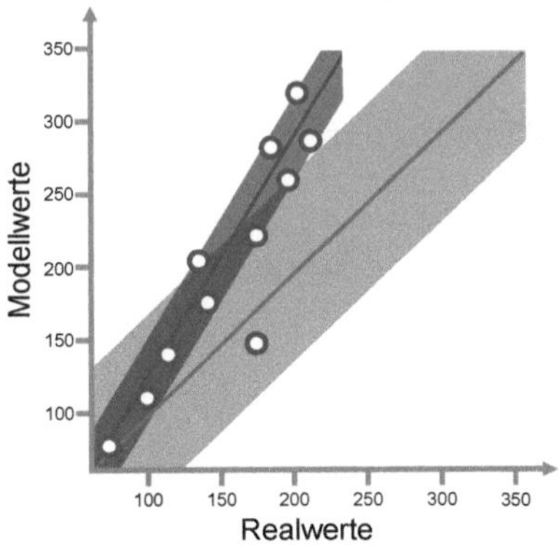

Abbildung 3-4 Konfidenzintervall des Realzusammenhangs (rote Fläche)

3.4 Schritt 3 Bewertung der Validität

Zur Bewertung der Validität werden die beiden aufgespannten Konfidenzintervalle miteinander verglichen. Liegt das Konfidenzintervall der Realdaten vollständig innerhalb des Konfidenzintervalls des idealen Zusammenhangs (Abbildung 3-5) so ist das Modell auf dem gesamten Wertebereich valide.

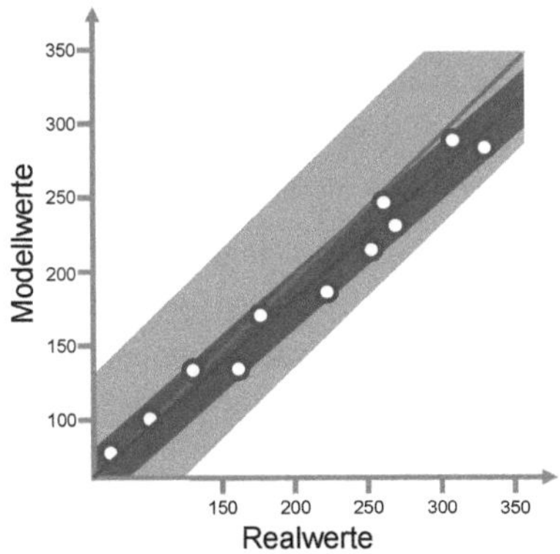

Abbildung 3-5 Nachweis der Validität des Modells über den gesamten, betrachteten Wertebereich der Messgröße

Ist das Konfidenzintervall der Realdaten größer als das Konfidenzintervall des idealen Zusammenhangs (Abbildung 3-6), so kann das Modell auf dem gesamten Wertebereich als nicht valide angesehen werden. Dies kann z. B. der Fall sein, wenn nicht alle physikalischen Effekte im Modell berücksichtigt wurden, und die Streuung der Realdaten nicht mit einer ausreichenden Güte erklärt werden kann.

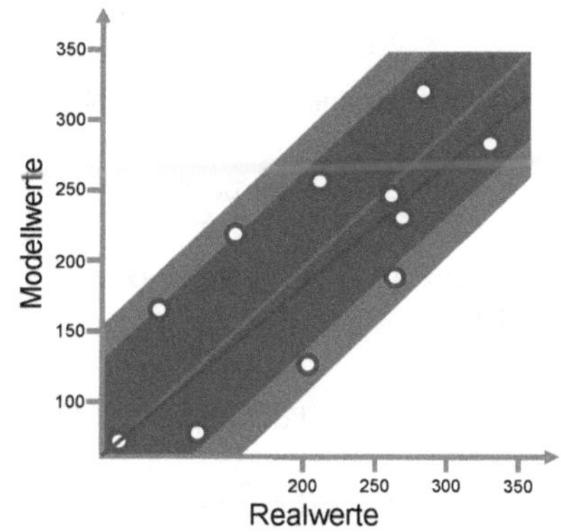

Abbildung 3-6 Widerlegen der Validität des Modells über den gesamten, betrachteten Wertebereich der Messgröße

Ebenfalls auf dem gesamten Wertebereich nicht valide, sind Modelle, welche zu einem systematischen Versatz der Geraden führen (Abbildung 3-7). Hierbei sei aber darauf hingewiesen, dass das Modell unter Umständen durch die Berücksichtigung des systematischen Versatzes in der Modellgleichung angepasst werden kann (Voraussetzung ist, dass für die Breite der Konfidenzintervalle gilt: $CI_{real} \leq CI_{ideal}$).

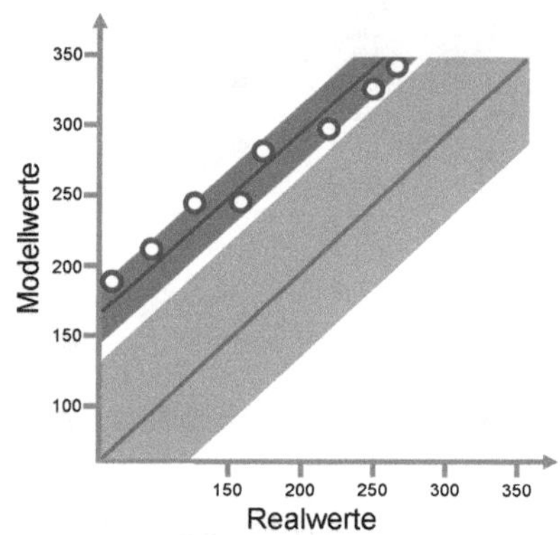

Abbildung 3-7 Widerlegen der Validität des Modells über den gesamten betrachteten Wertebereich der Messgröße aufgrund eines systematischen Versatzes

Wenn für die Breite der Konfidenzintervalle $CI_{real} \leq CI_{ideal}$ gilt, kann es aufgrund einer von $m = 1$ abweichenden Steigung dazu kommen, dass die Konfidenzintervalle sich schneiden. Hierfür gilt, dass das Modell lediglich für den Wertebereich als valide angesehen werden kann, in dem das Konfidenzintervall der Realdaten vollständig in dem Konfidenzintervall des idealen Zusammenhangs liegt (Abbildung 3-8).

Es gilt:

- Für m < 1:
  - untere Grenze: Schnittpunkt der beiden oberen Konfidenzintervall-grenzen
  - obere Grenze: Schnittpunkt der beiden unteren Konfidenzintervall-grenzen
  - wenn untere Grenze > obere Grenze existiert kein Bereich, in dem das Modell gültig ist
- Für m > 1:
  - untere Grenze: Schnittpunkt der beiden unteren Konfidenzintervall-grenzen
  - obere Grenze: Schnittpunkt der beiden oberen Konfidenzintervallgrenzen
  - wenn untere Grenze > obere Grenze existiert kein Bereich, in dem das Modell gültig ist

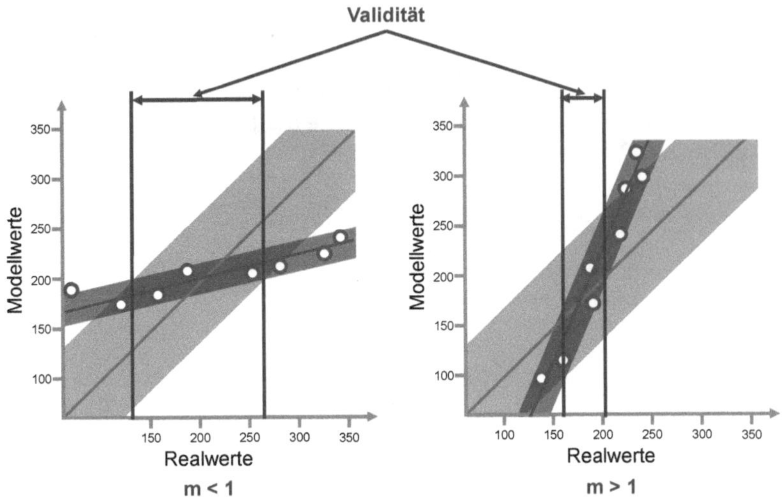

Abbildung 3-8 Nachweis der Validität des Modells auf einem Teilbereich des betrachteten Wertebereich der Messgröße

3.5 Zwischenfazit: Modellvalidierung

Für die Bewertung der Modellgüte und Validierung stehen unterschiedliche Möglichkeiten zur Verfügung. Die Verfahren und Kriterien weisen jedoch insbesondere hinsichtlich der Anwendung zur Modellbildung in der Messunsicherheitsbestimmung (komplexer) Messprozesse diverse Defizite auf. Das neuentwickelte Verfahren greift auf die bestehenden, etablierten Validierungsverfahren zurück und erweitert diese um die Anforderungen aus Kapitel 2.2.7.

In Schritt 0 des Verfahrens wurde die Datenvorverarbeitung in Form des Grubbs-Tests zur Identifikation von Ausreißern integriert. Die Identifikation und Eliminierung von Ausreißern ermöglicht es, auch statistischen Kennzahlen, welche normalerweise sensitiv gegenüber Ausreißern sind, anzuwenden. Einer Fehlinterpretation der Ergebnisse aufgrund außergewöhnlicher Ereignisse kann so vorgebeugt werden.

Das Verfahren zur Validierung selbst basiert auf der Standard Regression aus Kapitel 2.2.7 und erweiterte diese unter anderem um die Nutzung von Konfidenzintervallen. Die Nutzung eines Konfidenzintervalls beim Idealzusammenhang beschreibt die nutzerdefinierte, maximal erlaubte Abweichung des Modells von der Realität (Schritt 1). Zusätzlich berücksichtigt das Konfidenzintervall auch die inhärenten Abweichungen aufgrund der Messunsicherheit innerhalb der (Validierungs-)Daten. In Schritt 2 wird der Realzusammenhang (inkl. Konfidenzintervall) modelliert.

Der Vergleich des Konfidenzintervalls des Idealzusammenhangs mit dem Konfidenzintervall des Realzusammenhangs ermöglicht eine Aussage über die Validität des Modells (Schritt 3). Durch die Überlagerung können auch Aussagen über die Validität in Teilbereichen des Wertebereichs getroffen werden. Anwender können so gezielt den Anwendungsbereich eingrenzen, ohne das Modell neu zu bilden oder anzupassen. Zusätzlich kann über den Vergleich der Regressionsgeraden und der Konfidenzintervalle eine Aussage über systematische Modellfehler getroffen werden. Beim Auftreten systematischer Modellfehler kann das entsprechende Modell sehr einfach (z. B. über einen Offset) angepasst werden.

Die Voraussetzung für die Anwendung des Verfahrens ist ein mindestens intervallskalierter Output. Dies ermöglicht die Validitätsbewertung verschiedenster Modelle. So können zum Beispiel Simulationsmodelle (z. B. FEM-Simulation) bewertet werden, welche die Längenausdehnung eines Bauteils simulieren. Insbesondere können jedoch mit dem Verfahren Modelle der Form $Y = f(X_1, X_2, \dots, X_N)$ validiert werden, welche durch den GUM gefordert werden.

Das entwickelte Verfahren zur Modellvalidierung bildet die Grundlage für das in der vorliegenden Forschungsarbeit zu entwickelnde Gesamtverfahren zur Modellbildung in der Messunsicherheitsbestimmung komplexer Messprozesse mittels Symbolischer Regression. Nur wenn die Validität eines Modells nachgewiesen werden kann, ist eine valide Bestimmung der Messunsicherheit möglich. Durch die von der Modellierung unabhängige Entwicklung des Modellvalidierungsverfahrens wird eine objektive Bewertung der im Folgenden beschriebenen Forschungsergebnisse (Relevanzbewertung: Kapitel 4 und Modellbildung mittels Symbolischer Regression: Kapitel 5) in der Anwendung auf Beispielmessprozesse (Kapitel 6) ermöglicht.

4 Relevanzbewertung von Einflussgrößen auf Messprozesse

Eine Relevanzbewertung von Einflussgrößen auf einen Messprozess ermöglicht es, alle relevanten Einflussgrößen in einem Modell zu berücksichtigen und gleichzeitig den Aufwand der Modellbildung (und späteren Messunsicherheitsbestimmung) zu reduzieren, indem irrelevante Einflussgrößen identifiziert und aussortiert werden. Da FS-Methoden aktuell vor allem im Bereich *Big Data* Einsatz finden (z. B. (Li und Liu 2017; Zhang et al. 2020)) und keine Anwendungen auf die Modellbildung in der Messunsicherheitsbestimmung bekannt sind, müssen zunächst geeignete Algorithmen identifiziert werden.

Für die Auswahl geeigneter Algorithmen werden in Kapitel 4.1 Anforderungen an FS-Algorithmen (als Ausgestaltung der FS-Methoden) aufgestellt und in Kapitel 4.2 eine auf Simulationsdaten basierende Bewertungsmethode zur Untersuchung der Anwendbarkeit der Algorithmen auf die gegebene Problemstellung entwickelt. Die Nutzung von Simulationsdaten ermöglicht es, gezielt die Relevanz verschiedener Einflüsse zu variieren und irrelevante Einflüsse in die Versuche zu integrieren. In Kapitel 4.3 werden die Algorithmen über die Auswertung von Wiederholversuchen auf Basis der Simulationsdaten bewertet.[3]

4.1 Anforderungen an Feature Selection Algorithmen

Ziel der Anwendung von FS-Methoden bei der Erstellung von Messmodellen ist es, den Aufwand für die Modellierung selbst und die anschließende Messunsicherheitsbestimmung zu reduzieren. Gleichzeitig wird vorausgesetzt, dass die Ergebnisse der Messunsicherheitsbestimmung valide sind. FS-Methoden, die zwar den Aufwand reduzieren, aber große Unsicherheiten in die Modellierung und Messunsicherheitsbestimmung einbringen, sind für die Anwendung ungeeignet. Daraus lassen sich die folgenden Anforderungen an die FS-Methoden ableiten:

- Relevanz der Ergebnisse: Die FS-Methoden müssen in der Lage sein, die relevanten Einflussgrößen auf den Messprozess zuverlässig zu bestimmen, da sonst kein gültiges Messmodell gebildet werden kann.
- Effizienz des Algorithmus: Die zuverlässige Erkennung irrelevanter Einflussgrößen muss insbesondere im Hinblick auf die Aufwandsreduzierung berücksichtigt werden.

---

[3] Teile des hier beschriebenen Verfahrens wurden im Verlauf des Forschungsprozesses bereits publiziert: Mueller, T.; Segin; A., Weigand; C.; Schmitt, R.H. (2022): Feature selection for measurement models. In: International Journal of Quality & Reliability Management, Vol. ahead-of-print No. ahead-of-print. https://doi.org/10.1108/IJQRM-07-2021-0245; Code und Datensätze unter https://github.com/tmueller1/Feature-Selection-For-Measurement-Models

- Stabilität der Ergebnisse: Es wird vorausgesetzt, dass die FS-Methoden bei wiederholten Durchläufen auf demselben Datensatz (auch bei unterschiedlichen Trainingsdaten) die gleichen Ergebnisse liefern.
- Universalität des Algorithmus: Im Kontext der Erstellung von Messmodellen muss ein FS-Verfahren universell auf verschiedene Datensätze anwendbar sein.
- Komplexität/Aufwand der Methode: Der Aufwand, der erforderlich ist, um den Algorithmus selbst auf den Datensatz anzuwenden, ist zu berücksichtigen. Dabei sind Faktoren wie Parametrisierung, erforderliche Erfahrung des Anwendenden und Verständlichkeit der Methode zu berücksichtigen.

Zusätzlich zu den oben genannten Anforderungen werden die folgenden übergreifenden Randbedingungen als grundlegende Eigenschaften für eine Vielzahl von Messprozessen definiert:

- Sowohl Einflussgrößen als auch die Messgröße sind mit Unsicherheiten behaftet.
- Die Datenbasis ist vergleichsweise klein.
- Die Anzahl der Einflussgrößen ist begrenzt.
- In der Regel wird bei der Ermittlung der Messunsicherheit zunächst von einer einzigen Messgröße ausgegangen.
- Die Eingangsgrößen bestehen aus numerischen und alphanumerischen Größen.
- Die Messgröße ist eine numerische, kontinuierliche Größe.

Aufgrund der großen Anzahl unterschiedlicher Messsysteme und Messverfahren gelten die übergreifenden Randbedingungen nicht universell. So werden z. B. die Datensätze für Frequenzmessungen schnell sehr groß. Insbesondere bei geometrischen Messungen gelten diese Randbedingungen jedoch für einen großen Teil der Messprozesse.

4.2 Untersuchungsaufbau zur Bewertung von Feature Selection Algorithmen

Um die Eignung von FS-Methoden für die Modellierung bei Messunsicherheitsermittlungen zu bewerten, werden Beispieldatensätze mittels Monte-Carlo-Simulationen erzeugt. Die Beispieldatensätze werden mit FS-Methoden analysiert und die Ergebnisse mit einer neu entwickelten Methode ausgewertet. Sowohl bei der Erstellung der Beispieldatensätze als auch bei der Entwicklung der Auswertemethode müssen die entsprechenden übergeordneten Randbedingungen von Messprozessen (siehe Kapitel 4.1) berücksichtigt werden. Im Folgenden werden zunächst die Beispieldatensätze vorgestellt. Es wird erläutert, wie sie aufgebaut sind und welche unterschiedlichen Eigenschaften durch die einzelnen Datensätze abgedeckt werden können. In Kapitel 4.2.2 wird die Methode zur Auswertung der Algorithmen vorgestellt.

4.2.1 Aufbau der Beispieldatensätze

Ziel der Beispieldatensätze ist es, eine hohe Anzahl von realen Messprozessen abbilden zu können und damit eine valide Basis für die Bewertung der FS-Methoden zu schaffen. Die Beispieldatensätze bestehen aus $n + 1$ Spalten und r Zeilen. Die Spalten 1 bis n enthalten die jeweiligen Einflussgrößen $X_1, \ldots X_n$. Die Spalte $n + 1$ enthält die jeweilige simulierte Messgröße Y, die über den funktionalen Zusammenhang $f(X_1, \ldots X_n)$ von $X_1, \ldots, X_n$ abhängt. Die Anzahl der Datenpunkte (Zeilen im Datensatz) wird durch r beschrieben. Jede Einflussgröße X_i hat genau r simulierte Messwerte. Die Datensätze können über das genannte GitHub-Repository abgerufen werden. Zur Vereinfachung wird angenommen, dass keine fehlenden Werte im Datensatz vorhanden sind. Sollte die Thematik unvollständiger Datensätze für weitere Forschungsarbeiten relevant sein, wird auf das Forschungsfeld *missing data problems* und die entsprechende Literatur (z. B. (Batista und Monard 2003) oder (Bertsimas et al. 2018)) verwiesen.

Die Datensätze werden folgender Struktur entsprechend erstellt:

Schritt 1. Initialisierung des Datensatzes: Die Anzahl n der zu simulierenden Einflussgrößen $X_1, \ldots, X_n$ für die Simulation wird bestimmt.

Schritt 2. Berechnung von zufälligen Messwerten: Für jede der n Einflussgrößen X_i werden zufällig verteilte Werte generiert. Jede Einflussgröße kann als quantitatives, kategorielles oder abhängiges Merkmal definiert werden. Die Werte der quantitativen Merkmale werden über die Definition verschiedener Wahrscheinlichkeitsverteilungen mit ihren entsprechenden Verteilungsparametern berechnet. Für die Datensätze innerhalb dieser Forschungsarbeit werden die Gleich-, Normal- und Binomialverteilungen, genutzt. Kategoriale Merkmale werden durch Auflistung der Kategorien und Bestimmung ihrer Auftrittswahrscheinlichkeit p_j $\left(0 < p_j < 1, \sum p_j = 1\right)$ definiert. Durch die Multiplikation der Werte des Ausgangsmerkmals mit den Realisationen einer normalverteilten Zufallsvariablen (ZV) mit frei wählbarem Erwartungswert und frei wählbarer Standardabweichung wird eine beliebig ausgeprägte Korrelation zwischen zwei Merkmalen simuliert.

Schritt 3. Formulierung der wahren Zielfunktion: Es wird eine Zielfunktion bestimmt, nach der sich die Werte für Y aus bestimmten Einflussgrößen X_i errechnen lassen. Für Y besteht dann ein idealer Zusammenhang zu den Messgrößen, d. h. jeder Wert von Y lässt sich exakt aus den entsprechenden Einflussgrößen X_i und der Zielfunktion $f(X_i)$ berechnen. Ein solch idealer Zusammenhang besteht in der Realität aufgrund verschiedener Störgrößen oder unbekannten Einflüssen auf das Messergebnis nicht. Diese Tatsache wird durch Schritt 4 berücksichtigt.

Schritt 4. Simulation von Störeinflüssen: Um Störeinflüsse für die Einflussgrößen und die Messgröße zu simulieren, werden alle Werte der Einflussgrößen

X_i und der Messgröße Y mit einem zufälligen Streuungsfaktor multipliziert. Diese Streuungsfaktoren werden für jeden Wert individuell durch Ziehung aus einer normalverteilten ZV mit Erwartungswert $\mu = 1$ und einer frei wählbaren Standardabweichung σ gebildet. Die Standardabweichung σ der ZV wird jeweils einmal für alle Einflussgrößen X_i definiert und einmal für die Messgröße Y.

Schritt 5. Identifikation der relevanten Merkmale: Der erstellte Datensatz beschreibt nun verschiedene Realisierungen eines Zufallsexperiments, dem die Zusammenhangsfunktion $f(X_i)$ zugrundeliegt. Das Ziel der FS-Methoden soll sein, diejenigen Merkmale zu identifizieren, von denen f eine Funktion ist. Eine Ausgabe der Zielfunktion ist nicht zwangsläufig nötig.

Das Vorgehen ist in Abbildung 4-1 noch einmal graphisch aufbereitet.

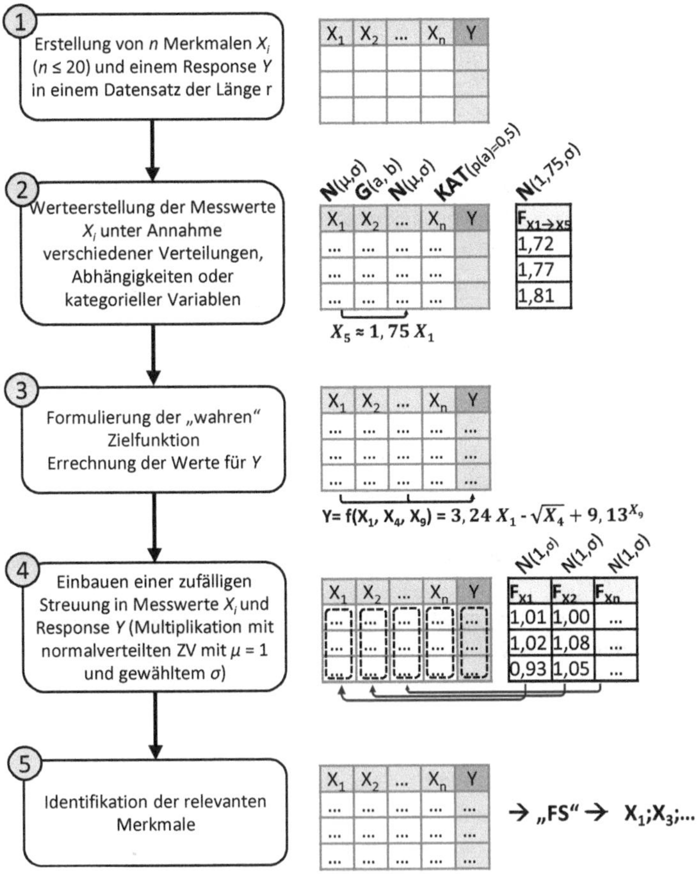

Abbildung 4-1 Vorgehen zur Erstellung der Simulationsdatensätze

Um die FS-Methoden zu untersuchen, werden fünf Eigenschaften der verschiedenen Datensätze variiert und über eine Versuchsplanung (DoE) kombiniert. Die fünf Eigenschaften (in einer DoE als Faktoren bezeichnet) sind:

- die Länge des Datensatzes (L),
- die Anzahl der Merkmale innerhalb eines Datensatzes (N),
- die Komplexität der (simulierten) funktionalen Beziehung (K),
- der Prozentsatz der Variablen mit geringem Einfluss auf die Messgröße (LEV) und
- der Prozentsatz der Variablen mit redundanter Information (mathematisch abhängig) (RED).

Die Erstellung der Datensätze basiert auf einem partiellen fraktionalen Versuchsplan (1/2-fraktional) mit zwei Faktorstufen für jeden Faktor. Bei fünf Faktoren ergibt der Versuchsplan 16 Datensätze. Hierbei können zweifach-Wechselwirkungen unterschieden werden. Die einzelnen Faktorstufen der Datensätze sind in Tabelle 4-1 aufgeführt.

Tabelle 4-1 Eigenschaften der 16 Datensätze (DS) inkl. Notation nach DoE

Name	L	N	K	LEV	RED
DS1	30 (-)	10 (-)	niedrig (-)	20 % (-)	40 % (+)
DS2	150 (+)	10 (-)	niedrig (-)	20 % (-)	20 % (-)
DS3	30 (-)	20 (+)	niedrig (-)	20 % (-)	20 % (-)
DS4	150 (+)	20 (+)	niedrig (-)	20 % (-)	40 % (+)
DS5	30 (-)	10 (-)	hoch (+)	20 % (-)	20 % (-)
DS6	150 (+)	10 (-)	hoch (+)	20 % (-)	40 % (+)
DS7	30 (-)	20 (+)	hoch (+)	20 % (-)	40 % (+)
DS8	150 (+)	20 (+)	hoch (+)	20 % (-)	20 % (-)
DS9	30 (-)	10 (-)	niedrig (-)	40 % (+)	20 % (-)
DS10	150 (+)	10 (-)	niedrig (-)	40 % (+)	40 % (+)
DS11	30 (-)	20 (+)	niedrig (-)	40 % (+)	40 % (+)
DS12	150 (+)	20 (+)	niedrig (-)	40 % (+)	20 % (-)
DS13	30 (-)	10 (-)	hoch (+)	40 % (+)	40 % (+)
DS14	150 (+)	10 (-)	hoch (+)	40 % (+)	20 % (-)
DS15	30 (-)	20 (+)	hoch (+)	40 % (+)	20 % (-)
DS16	150 (+)	20 (+)	hoch (+)	40 % (+)	40 % (+)

Weiterführende Eigenschaften der Datensätze sind in Anhang A1 dargestellt. Ein Auszug eines Datensatzes ist in Tabelle 4-2 dargestellt.

Tabelle 4-2 Auszug aus Datensatz DS5

V01	V02	V03	V04	V05	V06	V07	V08	V09	V10	Y
6.83	20.02	1.28	2	9.634	M1	3.51	7.68	2,20	8	**13.16**
7.65	19.63	1.22	0	11.91	M1	3.57	7.73	2,85	3	**20.06**
7.09	19.90	1.17	2	10.03	M1	3.90	8.05	4,12	6	**14.43**
6.97	20.12	1.22	1	11.29	M2	2.25	8.31	2,72	6	**19.11**
...	...	...	...	...	...	...	...	...	...	**...**

Die Variablen $V01$ bis $V10$ ($V20$ für $n = 20$) stehen für die einzelnen Einflussgrößen, Y für die Messgröße. $V06$ entspricht einer kategorialen Variable mit den Ausprägungen $M1$, $M2$ und $M3$. Alle Variablen, die im Datensatz, aber nicht in den funktionalen Zusammenhängen enthalten sind, sind irrelevante Variablen. Die Aufgabe der FS wird es sein, diese Variablen korrekt zu identifizieren und aus dem Datensatz für die Modellierung zu entfernen.

Hinweis: Bei der Versuchsplanung wird zwischen irrelevanten Variablen und Variablen mit geringem Einfluss (LEV) unterschieden. Variablen mit geringem Einfluss dürfen nicht aus dem Datensatz entfernt werden.

4.2.2 Bewertungsmethode

Grundlage für die Bewertung der FS-Algorithmen bilden die in Kapitel 4.1 aufgestellten Anforderungen der Relevanz, Effizienz, Stabilität, Universalität und Komplexität. Über eine Literaturrecherche werden zunächst Algorithmen identifiziert, welche die übergeordneten Randbedingungen (ebenfalls Kapitel 4.1) erfüllen. Die Bewertung selbst teilt sich in zwei Teile (s. Abbildung 4-2). Im ersten Teil werden die notwendigen Kriterien der Relevanz als Identifizierung der relevanten Merkmale und die Effizienz als Eliminierung der irrelevanten Merkmale bewertet. Nur Algorithmen, welche die notwendigen Kriterien erfüllen, werden weiter betrachtet. Im zweiten Teil werden die hinreichenden Kriterien der Effizienz, Stabilität und Universalität bewertet.

Erster Teil der Bewertung: Notwendige Kriterien	**Maßgröße**	
Relevanz der Ergebnisse (Ausw. rel. Merkmale)	R	Suc
Effizienz des Algorithmus (elim. irrel. Merkmale)	I	

Zweiter Teil der Bewertung: Hinreichende Kriterien	
Stabilität der Ergebnisse	$\hat{\Phi}(Z)$
Universalität des Algorithmus	U
Komplexität/Aufwand der Methode	K

Abbildung 4-2 Struktur der Bewertungsmethode

Bewertung der notwendigen Kriterien

Für die Bewertung der notwendigen Kriterien wird die *success*-Metrik nach BÓLON-CANEDO ET AL. genutzt. Die Metrik „belohnt" die Auswahl von relevanten Merkmalen und „straft" die Integration von irrelevanten Merkmalen ab. Mathematisch ist die *success*-Metrik definiert als:

$$Suc = \left[\frac{R_s}{R_t} - \beta \frac{I_s}{I_t}\right] \times 100$$

R_s beschreibt die Anzahl der ausgewählten relevanten Merkmale, R_t die Gesamtanzahl aller relevanten Merkmale, I_s die Anzahl der ausgewählten irrelevanten Merkmale und I_t die Gesamtanzahl aller irrelevanten Merkmale. Es wird vorausgesetzt, dass mindestens ein relevantes Merkmal und mindestens in irrelevantes Merkmal im Datensatz enthalten ist. Der Faktor β ist definiert als $\beta = \min\left\{\frac{1}{2}, \frac{R_t}{I_t}\right\}$ und mindert die Bedeutung falsch ausgewählter irrelevanter Merkmale gegenüber nicht gewählten relevanten Merkmalen. (Bolón-Canedo und Alonso-Betanzos 2018, S. 21)

Bewertung der hinreichenden Kriterien

Für die Bewertung der *Stabilität* in dieser Arbeit wird der in (Nogueira et al. 2018) vorgestellte Ansatz gewählt. NOGUEIRA ET AL analysieren 15 verschiedene Kennzahlen zur Bewertung der Stabilität. Hierbei bilden die Kriterien der vollständigen Definition, strikten Monotonie, Grenzen, Interpretations- und Vergleichbarkeit sowie der Unabhängigkeit von statistischen Einflüssen die Grundlage der Analyse. (Nogueira et al. 2018, S. 7)

Eine vollständig definierte Metrik beschreibt die Möglichkeit für eine beliebige Sammlung Z von Subsets $s_1, \ldots, s_M$ (Untermenge des gesamten Datensatzes) ein Ergebnis zu bestimmen. Die strikte Monotonie beschreibt den Zusammenhang zwischen der Größe der Schnittmenge zwischen zwei wiederholt bestimmten Subsets, als Grundlage der Stabilität. Bei größer werdender Schnittmenge muss gemäß strikter Monotonie auch die Ausprägung der Kennzahl Stabilität steigen. Hinsichtlich der Grenzen wird definiert, dass ein Stabilitätskriterium einen festen, von der Anzahl an betrachteten Merkmalen unabhängigen Wertebereich aufweist. Dass dieser Wertebereich unabhängig von der Problemstellung ist, führt zu einer Interpretierbarkeit und Vergleichbarkeit zwischen verschiedenen Anwendungen. Abschließend beschreibt die Unabhängigkeit von statistischen Einflüssen die Eigenschaft eines Stabilitätskriteriums, bei unterschiedlichen, unabhängigen und zufälligen Ziehungen von Subsets eines Datensatzes den gleichen Erwartungswert als Ergebnis auszugeben. In ihren Untersuchungen konnten NOGUEIRA ET AL zeigen, dass keine der 15 untersuchten Kennzahlen zur Bewertung der Stabilität alle fünf Kriterien hinreichend erfüllt. (Nogueira et al. 2018, S. 7–11)

Da keine der bekannten Kennzahlen zur Bewertung der Stabilität zu hinreichenden Ergebnissen in der Analyse geführt haben, wird in der vorliegenden Forschungsarbeit eine neue Kennzahl entwickelt. Grundlage für die Kennzahl ist die Interpretation der

Stabilität von NOGUEIRA ET. AL. als statistischen Schätzwert unter Berücksichtigung von entsprechenden Konfidenzintervallen. Der Schätzer der Stabilität $\widehat{\Phi}$ ist definiert als (Nogueira et al. 2018, S. 13–15):

$$\widehat{\Phi}(Z) = 1 - \frac{\frac{1}{d}\sum_{f=1}^{d} s_f^{\,2}}{\frac{\bar{k}}{d}(1 - \frac{\bar{k}}{d})}$$

Wobei Z die Sammlung aus Subsets $s_1, \dots, s_M$, Z ist eine $M \times d$ - Matrix mit den binären Ausdrücken $z_{i,f}$ (1 – Merkmal f ausgewählt, 0 - Merkmal f nicht ausgewählt) sowie der Anzahl M der in mehreren Durchgängen gezogenen Merkmalssätze und der Anzahl d aller Merkmale des Datensatzes ist. $s_f^{\,2}$ ist die Stichprobenvarianz $s_f^{\,2} = \frac{M}{M-1}\hat{p}_f(1 - \hat{p}_f)$, wobei gilt: $\hat{p}_f = \frac{1}{M}\sum_{i=1}^{M} z_{i,f}$. Die Stabilitätsmetrik wird als Schätzwert interpretiert und ermöglicht nach NOGUEIRA ET AL die Bildung von Konfidenzintervallen aufgrund ihrer asymptotischen Konvergenz zu einer Normalverteilung:

$$KI = \left[\widehat{\Phi} - z^*_{\left(1-\frac{\alpha}{2}\right)} \cdot \sqrt{v(\widehat{\Phi})}, \quad \widehat{\Phi} + z^*_{\left(1-\frac{\alpha}{2}\right)} \cdot \sqrt{v(\widehat{\Phi})}\right].$$

$z^*_{\left(1-\frac{\alpha}{2}\right)}$ ist die $(1 - \frac{\alpha}{2})$ -Quantile der Standardnormalverteilung und $v(\widehat{\Phi})$ ein Schätzer der Varianz von $\widehat{\Phi}$:

$$v(\widehat{\Phi}) = \frac{4}{M^2}\sum_{i=1}^{M}(\widehat{\Phi}_{(i)} - \widehat{\widehat{\Phi}}_{(.)})^2$$

mit $\widehat{\widehat{\Phi}}_{(.)}$ als arithmetisches Mittel von $\widehat{\Phi}_{(i)}$ und:

$$\widehat{\Phi}_{(i)} = \frac{1}{\frac{\bar{k}}{d} \cdot \left(1 - \frac{\bar{k}}{d}\right)} \cdot \left[\frac{1}{d}\sum_{f=1}^{d} z_{i,f} \cdot \hat{p}_f - \frac{k_i \cdot \bar{k}}{d^2} + \frac{\widehat{\Phi}}{2} \cdot \left(\frac{2 \cdot k_i \cdot \bar{k}}{d^2} - \frac{k_i}{d^2} - \frac{\bar{k}}{d^2} + 1\right)\right]$$

sowie

$$\widehat{\widehat{\Phi}}_{(.)} = \frac{1}{M}\sum_{i=1}^{M} \widehat{\Phi}_{(i)}.$$

Diese Definition ermöglicht es, alle fünf genannten Kriterien hinreichend zu erfüllen. Für die Bewertung der Stabilität wird innerhalb dieser Forschungsarbeit ein Konfidenzniveau von $1 - \alpha = 0{,}95$ gewählt. Weiterhin wird die untere Grenze des Konfidenzintervalls als Kennzahl für die Stabilität und als Abschätzung zur sicheren Seite gewählt. Zur Vergleichbarkeit der FS-Algorithmen wird die Metrik auf den Wertebereich [0;1] über $\widehat{\Phi}_{(i)} = \frac{\widehat{\Phi} + \frac{1}{M-1}}{1 + \frac{1}{M-1}}$ standardisiert.

Für die Bewertung der *Universalität* gemäß der Definition in Kapitel 4.1 ist keine Bewertungsmetrik aus der Literatur bekannt. Für die hier vorliegende Forschungsarbeit wird die Universalität als gemittelter Ergebniserfolg über die verschiedenen Datensätze definiert. Als Maß für den Erfolg der Ergebnisse werden das Treffermaß *Suc* sowie die untere Grenze des Stabilitätsmaß-Konfidenzintervalls $\Phi_{KUG,i}$ zu gleichen Teilen berücksichtigt. So ergibt sich ein Universalitätsmaß U mit DS als Anzahl der Datensätze zu:

$$U = \frac{\sum_{i=1}^{DS}(Suc_i + \Phi_{KUG,i})}{2 \cdot DS}$$

Da für die Bewertung der *Komplexität* von FS-Algorithmen gemäß der Definition in Kapitel 4.1 keine Bewertungsmetrik aus der Literatur bekannt ist, wird hierfür eine auf einer Ordinalskala basierende Methode entwickelt. Hierbei werden das notwendige Fachwissen bzw. die notwendige Erfahrung sowie der Aufwand bewertet. Die Skala ist in Abbildung 4-3 dargestellt. Zur Vergleichbarkeit wird auch die Bewertung der Komplexität auf den Wertebereich [0;1] normiert.

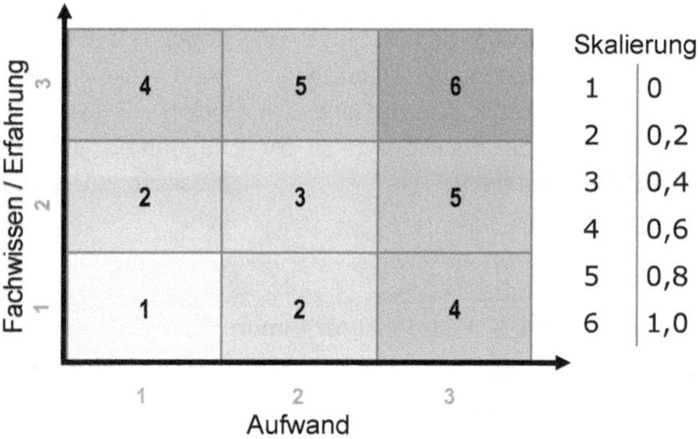

Abbildung 4-3 Skala zur Bewertung der Komplexität von FS-Algorithmen

Die Einordnung auf der Skala geschieht anhand der in Tabelle 4-3 dargestellten Kriterien.

Tabelle 4-3 Kriterien zur Einordnung in die Komplexitätsbewertung

Bewertung	Fachwissen/Erfahrung (E)	Aufwand (A)
1 – niedrig	Kenntnisse zu statistischen Grundlagen, ML-Methoden und dem Anwendungsprogramm (z. B. *R*) sind nur im geringen Maße nötig. Sie beschränken sich auf das Einladen	Es ist kein Zusatzaufwand zu erwarten. Die Methode liefert zuverlässige Ergebnisse für eine Vielzahl von Ergebnissen und lässt sich durch eine einfache Auswahl ohne Anpassung nutzen.

	der Daten, das Auswählen der Methode und eine Abschätzung der Korrektheit der Ergebnisse.	
2 – mittel	Abhängig von der Struktur der zu untersuchenden Datensätze müssen wenige Parameter in einem begrenzten Bereich geändert werden. Das erfordert ein Verständnis der Struktur des Datensatzes und der Funktion der FS-Methode.	Für jeden unterschiedlichen Datensatz muss die FS-Methode getestet und ihre Zuverlässigkeit validiert werden.
3 – hoch	Das Potenzial der Methode ist groß, die Unsicherheit auch. Zur Abschätzung der Ergebnisse und ggf. Anpassung der Methode ist ein grundlegendes Verständnis von ML, Statistik, den verwendeten Daten und der Funktionsweise der FS-Methode nötig.	Um sich für verschiedene Datensätze zu eignen, müssen große Teile der FS-Methode angepasst werden. Auch danach ist die Zuverlässigkeit unsicher. Eine einfache Übertragbarkeit auf verschiedene Messszenarien ist nicht möglich.

4.2.3 Untersuchte Feature Selection Algorithmen

Für die Untersuchung der Eignung von FS in der Modellbildung zur Messunsicherheitsbestimmung werden zunächst entsprechende Algorithmen aus den Kategorien Filter-, Wrapper- und Embedded-Methoden über eine Literaturrecherche identifiziert. Die Grundlage hierfür bilden die in Kapitel 4.1 aufgestellten übergeordneten Randbedingungen, welche durch den Algorithmus zu erfüllen sind. Insgesamt wurden drei Filter (F), vier Wrapper (W) und zwei Embedded (E) Methoden identifiziert. Die Identifizierten Filter Algorithmen sind die Correlation-Based Feature Selection (CFS), Minimum Redundancy Maximum Relevance (mRMR) und RReliefF. Bei den Wrapper-Methoden sind entsprechende Lern- und Suchalgorithmen kombiniert: Lineares Regressionsmodell + Sequential Forward Selection (lm/SFS), Lineares Regressionsmodell + Sequential Backward Selection (lm/SBS), künstliches neuronales Netz + Sequential Backward Selection (ANN/SBS) und künstliches neuronales Netz + Ant Colony Optimization (ANN/ACO). Als Embedded-Algorithmen konnten Least Absolute Shrinkage and Selection Operator (LASSO) Algorithmus sowie der Random Forest identifiziert werden. Die Ergebnisse der Literaturrecherche sind in Tabelle 4-4 dargestellt. Jeder Algorithmus wird in Kurzform beschrieben. Für eine detailliertere Beschreibung wird auf die jeweilige Originalquelle oder die für diese Forschungsarbeit relevante(n) Hauptquelle(n) verwiesen. Von der Hauptquelle abweichende Informationen werden entsprechend separat innerhalb der Beschreibung zitiert. Eine Auswahl von Anwendungsbeispielen der Algorithmen, weiterführende Analysen in anderen Forschungsfeldern und weitere Informationen sind unter den weiteren Quellen zu finden. Die Implementierung der Algorithmen inklusive der gewählten Hyperparameter und der genutzten Bibliotheken sind über das genannte GitHub-Repository nachzuvollziehen.

Tabelle 4-4 Ergebnisse der Literaturrecherche zu FS-Algorithmen

Name	**Kurzbeschreibung**	**Hauptquelle** --------------------- **Weitere Quellen**
CFS (F)	CFS nach (Hall und Smith 1999) nutzt eine korrelationsbasierte Kennzahl zur Relevanzbewertung von Merkmalen. Für eine Merkmalsmenge S mit k Merkmalen werden Korrelationen zwischen den Merkmalen und der Zielgröße $\overline{r_{cf}}$ sowie Korrelationen zwischen den Merkmalen $\overline{r_{ff}}$ selbst. Die Bewertung einer Merkmalsmenge steigt mit einer steigenden Korrelation zwischen den Merkmalen und der Zielgröße. Durch eine hohe Korrelation zwischen den Merkmalen selbst sinkt die Bewertung. Über diesen Effekt werden Redundanzen in der Merkmalsmenge abgeschwächt. Der Zusammenhang ergibt sich zu: $$CFS(S) = \frac{k \cdot \overline{r_{cf}}}{\sqrt{k + k(k-1)} \cdot \overline{r_{ff}}}$$	(Hall und Smith 1999) --------------------- (Li et al. 2017a; Hall 1999; Bolón-Canedo und Alonso-Betanzos 2018; Bolón-Canedo et al. 2013)
mRMR (F)	Die Bewertung über mRMR basiert auf der *Mutial Information* (MI) nach SHANNON (Shannon 1948), welche wiederrum auf der Entropie basiert. Hierbei ist die Entropie ein Maß für die Unsicherheit eines Ergebnisses in einer Variablen X (Eingangsgrößen): Wenn ein Ereignis x in der Verteilung einer Variablen X ($x \in X$) besonders wahrscheinlich ist, ist die Unsicherheit über den angenommenen Wert von X, und damit auch die Entropie, gering. Sind alle Ereignisse x_i in X gleich wahrscheinlich, so besteht die größtmögliche Unsicherheit bzgl. des Ausgangs von X und die Entropie wird maximal. MI definiert sich als Differenz der Entropie bevor und nachdem die Zielgröße Y bekannt ist, also	(Peng et al. 2005) --------------------- (Ahmed und Nandi 2020; Brown et al. 2012; Li et al. 2017a; Bolón-Canedo und Alonso-Betanzos 2018; Bolón-Canedo et al.

	als den Grad an Unsicherheit, der durch Kenntnis von Y reduziert wird. Da die MI von unabhängigen Merkmalen ausgeht, wird beim mRMR die MI um ein Strafterm erweitert, welcher Redundanzen in den Informationen abstraft. $$J_{mRMR}(X_i) = I(X_i; Y) - \frac{1}{\|S\|} \cdot \sum_{X_i \in S} I(X_i; X_j)$$	2013; Cai et al. 2018)
RReliefF (F)	Der RReliefF-Filter von Robnik-Šikonja und Kononenko (Robnik-Šikonja und Kononenko 2003) ist eine Abwandlung des ursprünglichen Relief-Filters von Kira und Rendell (Kira und Rendell 2014). Die ursprüngliche Version des Relief-Filters basiert auf einem Klassifizierungsproblem mit zwei unterschiedlichen Klassen. Das Grundprinzip des Algorithmus ist, dass diejenigen Merkmale ausgewählt werden, mit denen ähnliche Datenpunkte zuverlässig der richtigen Klasse zugeordnet werden können. Der RReliefF Algorithmus erweitert dieses Vorgehen um die Anwendung auf Regressionsprobleme, bei denen keine eindeutigen Klassen vorliegen. Hierbei wird das exakte Wissen über eine Klassenzugehörigkeit durch eine Wahrscheinlichkeitsverteilung über den relativen Abstand der Werte ersetzt.	(Robnik-Šikonja und Kononenko 2003) -------------------- (Bolón-Canedo und Alonso-Betanzos 2018; Bolón-Canedo et al. 2013; Li et al. 2017a; Urbanowicz et al. 2018)
lm/SFS (W)	Bei der Wrapper-Methode lm/SFS wird eine lineare Regression als Grundlage der Merkmalsauswahl genutzt. Gemäß dem allgemeinen Vorgehen bei Wrapper-Methoden wird zunächst ein Modell gebildet, in diesem Fall eine lineare Regression, und anschließend werden über einen Suchalgorithmus die relevanten Merkmale identifiziert. In diesem Fall wird die *Sequential Forward Selection* genutzt. Hierbei wird, ausgehend von einer leeren Merkmalsmenge, jeweils nacheinander das Merkmal hinzugefügt, welches die Vorhersagegüte am stärksten positiv beeinflusst. Weitere Merkmale werden solange hinzugefügt, bis keine statistisch signifikante Verbesserung der Vorhersagegüte mehr erreicht wird.	(Fahrmeir et al. 2016; Chandrashekar und Sahin 2014) -------------------- (Ahmed und Nandi 2020)

lm/SBS (W)	Bei der Wrapper-Methode lm/SBS wird wie bei der lm/SFS eine lineare Regression als zugrundeliegendes Modell gewählt. Der Unterschied zur lm/SFS besteht in dem Suchalgorithmus. Bei der lm/SBS wird die *Sequential Backward Selection* genutzt. Hierbei werden, ausgehend von der gesamten Merkmalsmenge, Merkmale schrittweise eliminiert, welche die Vorhersagegüte des Modells am wenigsten beeinflussen. Durch die rückwärtsgerichtete Suchrichtung ist es möglich, Abhängigkeiten zwischen den Merkmalen im Suchalgorithmus zu berücksichtigen.	(Fahrmeir et al. 2016; Guyon und Elisseeff 2003) --------------------- (Ahmed und Nandi 2020)
ANN/SBS (W)	Für die Wrapper-Methode ANN/SBS wird der Modellbildungsalgorithmus durch ein neuronales Netz abgebildet, für den Suchalgorithmus wird die *Sequential Backward Selection* genutzt. Neuronale Netze bieten im Allgemeinen die Möglichkeit komplexe Zusammenhänge valide abzubilden. Ein neuronales Netz besteht aus einem Eingangslayer, einem oder mehreren Hidden Layer und einem Outputlayer. Jedes Layer wird durch eine bestimmte Anzahl an Neuronen repräsentiert. Für die Anwendung in dieser Forschungsarbeit wird ein neuronales Netz mit einem Hidden Layer genutzt[4]. Für das Hidden Layer wird die Sigmoid Aktivierungsfunktion und für das Output Layer die Identitätsfunktion gewählt.	(Kuhn et al. 2020) --------------------- (Shmueli et al. 2020)
ANN/ACO (W)	Für die Wrapper-Methode ANN/ACO wird der Modellbildungsalgorithmus durch ein neuronales Netz abgebildet, für den Suchalgorithmus wird die *Ant Colony Optimization* (ACO) genutzt. ACO ist ein meta-heuristischer Algorithmus, der durch probabilistische Entscheidungen Merkmale auswählt. Die probabilistische Merkmalsuche ist der Futtersuche von Ameisen nachempfunden, die mithilfe	(Kuhn 2020; Kashef und Nezamabadi-pour 2015) --------------------- (Ghosh et al. 2020)

[4] In Mueller et al. 2020 konnte gezeigt werden, dass ein Hidden Layer in einem neuronalen Netz ausreicht, funktionalen Zusammenhänge valide abzubilden. Die Voraussetzung hierfür ist, dass es lediglich einen Output gibt und der Zusammenhang stetig ist. Beide Voraussetzungen sind in der hier vorliegenden Forschungsarbeit gegeben.

	einer Pheromonspur anderen Ameisen den Weg zu einer Futterquelle zeigen. In der Umsetzung als FS Algorithmus nach (Kashef und Nezamabadi-pour 2015) wird bei jedem Knoten eine Entscheidung getroffen, ob dieser gewählt wird. Die Entscheidung basiert auf dem Kriterium der maximalen Relevanz und minimaler Redundanz.	
Lasso (E)	In (Tibshirani 1996) wird der Lasso-Schätzer für lineare Regressionsmodelle eingeführt. Im Standardmodell der linearen Regression werden die Koeffizienten der Modelle durch die kleinste Quadrate Methode (kQM) geschätzt. Der Lasso-Schätzer fügt der kQM einen Strafterm hinzu, der die Koeffizienten verkleinert oder auf Null setzt (Merkmalsauswahl), um die Vorhersagegüte und die Interpretierbarkeit des Modells zu verbessern. Es wird nach einem Satz von Koeffizienten β_i gesucht, der $$\sum_{i=1}^{N}\left(y_i - \sum_{j} x_{ij} \cdot \beta_j\right)^2 + \lambda \cdot \sum_{j=1}^{p} \lvert\beta_j\rvert$$ minimiert. Hierbei sind x_{ij} standardisierten Merkmale und y_i die zentrierten Werte der Zielgröße. Der erste Term dieser Gleichung entspricht dem Schätzer der kQM, der zweite Term ist der Regularisierungsterm. Der Parameter λ bestimmt die Gewichtung zwischen ursprünglicher Kostenfunktion und dem Regularisierungsterm. Die Verwendung von LASSO ist nicht auf lineare Regressionsmodelle beschränkt. In (Tibshirani 1996) konnte beispielsweise die Anwendbarkeit auf statistische Modelle gezeigt werden.	(Tibshirani 1996) -------------------- (Mwangi et al. 2014; Tibshirani 2011; Li et al. 2017a; Rebala et al. 2019)
Random Forrest (E)	Die Embedded-Methode Random Forrest basiert auf der Kombination einzelner Entscheidungsbäume. Für jeden Entscheidungsbaum wird unter Berücksichtigung eines Test Sets eine zufällige Merkmalsmenge m aus den der vollständigen Merkmalsmenge n gezogen und zur Modellbil-	(Shmueli et al. 2020) -------------------- (Hude 2020; Sylvester et al.

	dung genutzt. Die einzelnen Entscheidungsbäume werden dann über eine Mittelwertbildung zu einem einzelnen Baum zusammengeführt. Das Kriterium für die Bewertung der Relevanz ist die Vorhersagegüte des Random Forrest Modells. Über die zufällige Permutation von Werten innerhalb eines Merkmals wird der funktionelle Zusammenhang zwischen Merkmal und Zielgröße verfälscht. Der Einfluss dieser Veränderung auf die Vorhersagegüte bestimmt die Relevanz des entsprechenden Merkmals.	2018; Ibrahim et al.)

4.3 Auswertung der Untersuchungsergebnisse

In diesem Kapitel werden die Ergebnisse der Auswertung der FS-Methoden bei Anwendung auf die entsprechenden Datensätze DS1-DS16 (vgl. Kapitel 4.2.1) vorgestellt. Dem Vorgehen aus Kapitel 4.2.2 folgend, werden zunächst die notwendigen Kriterien (Suc) bewertet. Die Ergebnisse sind in Tabelle 4-5 dargestellt. Auf der linken Seite sind die einzelnen Datensätze mit der entsprechenden Kodierung aus der DoE (siehe Tabelle 4-1) aufgeführt. Die rechte Seite der Tabelle 4-5 zeigt die Ergebnisse der neun ausgewählten Algorithmen der drei Kategorien Filter (F), Wrapper (W) und Embedded (E). Die Ergebnisse setzen sich jeweils aus den Mittelwerten von fünf Wiederholungen mit denselben FS-Methoden auf den identischen Datensätzen (Trainingsdatensatz und Test-/Validierungsdatensatz) zusammen. R [%] steht für den korrekt ausgewählten Anteil relevanter Merkmale, I [%] für den korrekt ausgewählten Anteil irrelevanter Merkmale und Suc für die in Kapitel 4.2.2 beschriebene Gesamtbewertungsquote. Die Interpretation des Wertebereichs von Suc lässt sich anhand der folgenden Extrembeispiele verdeutlichen: Im ungünstigsten Fall wird kein relevantes Merkmal ausgewählt und alle irrelevanten Merkmale werden beibehalten. Suc nimmt dann den Wert -0,5 an. Im besten Fall werden alle relevanten und keine irrelevanten Merkmale ausgewählt und Suc nimmt den Wert 1 an. Wenn alle Merkmale als relevant ausgewählt werden, ist $Suc = 0{,}5$. Im Falle einer Zufallsauswahl wird erwartet, dass die Hälfte der relevanten und die Hälfte der irrelevanten Merkmale ausgewählt werden, und Suc nimmt den Wert 0,25 an. Werte unter 0,25 sind also schlechter als zufälliges Raten, Werte unter 0,5 sind schlechter als die gegebene Basislinie aller Merkmale. Bei Werten von $0{,}7 \leq Suc \leq 0{,}8$ können die Ergebnisse als brauchbar angesehen werden, je nach Zusammensetzung des Ergebnisses (in Tabelle 4-5 gelb markiert). Ein Ergebnis von $Suc = 0{,}7$ wird beispielsweise erreicht, wenn alle relevanten Merkmale ausgewählt wurden und der Anteil der irrelevanten Merkmale um bis zu 40% reduziert wurde. Gute Ergebnisse sind bei $Suc > 0{,}8$ zu erwarten, wenn z.B. alle relevanten Merkmale ausgewählt wurden und der Anteil der irrelevanten Merkmale um bis zu 60% reduziert wurde (in Tabelle 4-5 grün markiert).

Tabelle 4-5 Analyseergebnisse der FS-Methoden hinsichtlich der notwendigen Kriterien

DS	L	N	K	LEV	RED	CFS			mRMR			RReliefF			lm / SFS			lm / SBS			ANN / SBS			ANN / ACO			LASSO			Random Forest		
						F									W												E					
						R (%)	I (%)	Suc	R (%)	I (%)	Suc	R (%)	I (%)	Suc	R (%)	I (%)	Suc	R (%)	I (%)	Suc	R (%)	I (%)	Suc	R (%)	I (%)	Suc	R (%)	I (%)	Suc	R (%)	I (%)	Suc
DS1	-	-	-	-	+	100	60	0,7	80	60	0,5	80	8	0,8	100	84	0,6	84	8	0,8	84	20	0,7	100	48	0,8	100	80	0,6	92	60	0,6
DS2	+	-	-	-	-	80	0	0,8	80	100	0,3	44	8	0,4	100	92	0,5	84	0	0,8	92	4	0,9	100	20	0,9	80	0	0,8	72	20	0,6
DS3	-	+	-	-	-	60	50	0,4	70	60	0,4	38	38	0,2	88	54	0,6	68	4	0,7	58	6	0,6	72	24	0,6	82	24	0,7	44	26	0,3
DS4	+	+	-	-	+	60	30	0,5	70	70	0,4	36	30	0,2	98	94	0,5	78	2	0,8	78	4	0,8	74	30	0,6	86	44	0,6	74	18	0,7
DS5	-	-	+	-	-	80	40	0,6	80	100	0,3	56	28	0,4	100	60	0,7	84	12	0,8	76	0	0,8	84	28	0,7	80	8	0,8	72	32	0,6
DS6	+	-	+	-	+	100	20	0,9	100	40	0,8	32	20	0,2	100	88	0,6	96	0	1	92	4	0,9	96	40	0,8	100	12	0,9	84	32	0,7
DS7	-	+	+	-	+	70	40	0,5	50	40	0,3	74	32	0,6	88	86	0,5	42	2	0,4	52	26	0,4	64	18	0,6	56	14	0,5	56	30	0,4
DS8	+	+	+	-	-	40	20	0,3	70	70	0,4	38	24	0,3	100	88	0,6	68	10	0,6	70	6	0,7	70	38	0,5	68	32	0,5	44	28	0,3
DS9	-	-	-	+	-	60	60	0,3	40	40	0,2	60	20	0,5	92	92	0,5	76	4	0,7	72	12	0,7	76	40	0,6	84	68	0,5	68	36	0,5
DS10	+	-	-	+	+	60	40	0,4	80	80	0,4	60	56	0,3	96	88	0,5	84	16	0,8	80	20	0,7	80	36	0,6	80	52	0,5	68	52	0,4
DS11	-	+	-	+	+	70	50	0,5	90	40	0,7	60	40	0,4	92	88	0,5	58	26	0,4	52	18	0,4	72	30	0,6	82	12	0,8	58	48	0,3
DS12	+	+	-	+	-	80	20	0,7	80	80	0,4	44	32	0,3	98	88	0,5	80	0	0,8	80	0	0,8	82	34	0,7	88	30	0,8	56	40	0,4
DS13	-	-	+	+	+	80	60	0,5	80	60	0,5	24	52	-0	100	76	0,6	76	8	0,7	72	12	0,7	80	32	0,6	88	24	0,8	60	24	0,5
DS14	+	-	+	+	-	100	20	0,9	100	40	0,8	40	30	0,2	100	76	0,6	96	8	0,9	88	4	0,9	100	28	0,9	100	16	0,9	76	20	0,7
DS15	-	+	+	+	-	70	70	0,4	80	40	0,6	40	30	0,2	80	78	0,4	44	8	0,4	46	22	0,4	58	42	0,4	68	34	0,5	54	22	0,4
DS16	+	+	+	+	+	40	40	0,4	80	10	0,8	50	40	0,3	98	92	0,5	76	4	0,7	68	4	0,7	60	28	0,5	76	12	0,7	32	12	0,3

Die Ergebnisse in Tabelle 4-5 zeigen, dass die Filtermethoden im Vergleich zu den Wrapper- und Embedded-Methoden weniger gute Ergebnisse liefern. Ein möglicher Grund für die Ergebnisse ist, dass Filter aufgrund der geringen Rechenleistung (durch Relevanzbewertung ohne Modellbildung; vgl. Kapitel 2.2.3) insbesondere für große Datensätze relevant sind. Bei den vergleichsweise kleinen Datenbeständen konnten CFS und mRMR nur durchschnittliche Ergebnisse und RReliefF unterdurchschnittliche Ergebnisse erzielen.

Die Wrapper-Methoden erzielen bessere Ergebnisse als die Filter-Methoden. Lediglich der erste Ansatz mit dem linearen Regressionsmodell und der Vorwärtssuche liefert keine guten Ergebnisse, da diese Methode fast alle Merkmale als relevant markiert. Der Wrapper-Ansatz mit dem linearen Regressionsmodell als Lernfunktion erreicht bei einer Rückwärtssuche in 12 der 16 Datensätze Suc-Ergebnisse über 0,7. Obwohl die lineare Regression die Beziehungen zwischen den Merkmalen und der abhängigen Variable nur in linearer Form modellieren kann, fällt auf, dass in fünf von acht Datensätzen mit komplexem funktionalen Zusammenhang gute Ergebnisse erzielt wurden. Auch bei den anderen Datensätzen ist kein deutlicher Unterschied zwischen Datensätzen mit linearem Zusammenhang und Datensätzen mit nicht-linearem Zusammenhang zu erkennen.

Die Analyse der Embedded-Methoden zeigt, dass der LASSO-Algorithmus gute Ergebnisse liefert. Der Random Forrest liefert, wie auch der RReliefF-Algorithmus, nur unterdurchschnittliche Ergebnisse. Ein möglicher Grund dafür sind die vergleichsweise kleinen Datenbestände, die für den Algorithmus unzureichend zu sein scheinen.

Aufgrund der Bewertungen der notwendigen Bedingungen werden die vier Algorithmen "lm/SBS", "ANN/SBS", "ANN/ACO" und "LASSO" weiter betrachtet. Die Algorithmen werden im Hinblick auf die Kriterien Stabilität, Universalität und Komplexität bewertet. Die Ergebnisse beruhen auf zusätzlichen fünf Durchläufen (zehn Durchläufe insgesamt) auf jedem Datensatz und sind in Tabelle 4-6 dargestellt.

Hinweis: Abweichungen zwischen Tabelle 4-5 und Tabelle 4-6 in der Suc-Bewertung resultieren aus einer Vielzahl von Effekten (einschließlich stochastischer Effekte) und werden bei der Stabilitätsbewertung berücksichtigt.

Tabelle 4-6 Analyseergebnisse der FS-Methoden hinsichtlich der hinreichenden Kriterien

Datensatz	L	Z	K	LEV	RED	Im / SBS				ANN / SBS				ANN / ACO				LASSO			
						R(%)	I(%)	Suc	Φ_{KUG}	R(%)	I(%)	Suc	Φ_{KUG}	R(%)	I(%)	Suc	Φ_{KUG}	R(%)	I(%)	Suc	Φ_{KUG}
DS1	-	-	-	-	+	84	16	0,76	0,69	86	26	0,73	0,65	98	48	0,74	0,58	98	78	0,59	0,25
DS2	+	-	-	-	-	82	2	0,81	0,92	88	0	0,88	0,82	96	32	0,8	0,66	82	0	0,82	0,96
DS3	-	+	-	-	-	70	6	0,67	0,71	57	8	0,53	0,68	74	30	0,59	0,62	85	31	0,7	0,46
DS4	+	+	-	-	+	78	4	0,76	0,90	76	5	0,74	0,87	79	37	0,61	0,64	89	37	0,71	0,69
DS5	-	-	+	-	-	82	6	0,79	0,79	70	2	0,69	0,96	86	30	0,71	0,54	82	16	0,74	0,63
DS6	+	-	+	-	+	96	0	0,96	0,93	90	2	0,89	0,87	100	24	0,88	0,73	98	12	0,92	0,80
DS7	-	+	+	-	+	42	1	0,42	0,92	45	6	0,42	0,48	57	15	0,5	0,65	59	21	0,49	0,55
DS8	+	+	+	-	-	74	8	0,7	0,77	72	5	0,7	0,87	75	28	0,61	0,51	70	39	0,51	0,72
DS9	-	-	-	+	-	72	2	0,71	0,77	76	4	0,74	0,68	66	52	0,4	0,35	82	58	0,53	0,38
DS10	+	-	-	+	+	82	18	0,73	0,93	80	22	0,69	1,00	82	46	0,59	0,74	80	46	0,57	0,72
DS11	-	+	-	+	+	56	22	0,45	0,39	50	8	0,46	0,41	74	33	0,58	0,55	76	11	0,71	0,69
DS12	+	+	-	+	-	80	3	0,79	0,95	79	0	0,79	1,00	85	40	0,65	0,65	86	29	0,72	0,70
DS13	-	-	+	+	+	78	6	0,75	0,77	84	10	0,79	0,64	82	34	0,65	0,74	90	22	0,79	0,79
DS14	+	-	+	+	-	94	8	0,9	0,79	96	8	0,92	0,84	100	46	0,77	0,74	100	22	0,89	0,78
DS15	-	+	+	+	-	47	12	0,41	0,59	53	7	0,5	0,40	59	28	0,45	0,35	62	37	0,44	0,55
DS16	+	+	+	+	+	70	5	0,68	0,63	63	10	0,58	0,61	75	29	0,61	0,50	79	14	0,72	0,65
Zusammenfassung der Ergebnisse																					
Stabilität $\overline{\Phi_{KUG}}$						0,78				0,74				0,60				0,65			
Universalität U						0,74				0,71				0,62				0,66			
Komplexität K						0,2 (E: 1, A: 2)				0,4 (E:2, A:2)				0,8 (E:3, A:2)				0,4 (E:2, A:2)			

Die besten Ergebnisse bei den Bewertungskriterien Stabilität, Universalität und Komplexität liefern die beiden Wrapper-Methoden mit Sequential Backward Selection (SBS). Beide liefern gute Werte für Stabilität und Universalität. Die Im/SBS-Methode hat leichte Vorteile, vor allem wegen ihrer geringeren Komplexität. Die Embedded Methode "Lasso" ist von der Komplexität her mit der "ANN/SBS"-Methode vergleichbar, liefert aber etwas schlechtere Ergebnisse bei Stabilität und Universalität. Die "ANN/ACO"-Methode schneidet am schlechtesten ab. Sie ist sehr komplex und erreicht auch in Bezug auf Stabilität und Universalität die schlechtesten Ergebnisse.

Das Effektediagramm der vier ausgewählten Methoden hinsichtlich der Einflussparameter L, N, K, LEV, RED ist in Abbildung 4-4 dargestellt. Eine Standardisierung auf den Wert 0,5 ermöglicht eine Vergleichbarkeit der Einflussparameter auf die verschiedenen Algorithmen unabhängig von den absolut erzielten Ergebnissen aus Tabelle 4-6.

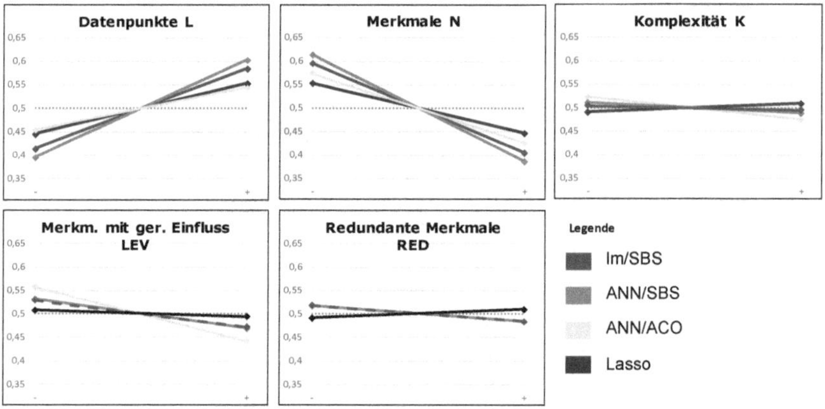

Abbildung 4-4 Effektediagramme (linke Seite: „-"Einstellung; rechte Seite „+" Einstellung) der vier besten FS-Methoden für die Datensatzparameter L, N, K, LEV, RED auf Basis der Suc-Bewertung (standardisiert auf 0,5)

Die Analyse der untersuchten Einflussparameter L, N, K, LEV, RED zeigt, dass insbesondere die Länge des Datensatzes und die Anzahl der betrachteten Variablen einen Einfluss auf das Ergebnis haben. Ein größerer Datensatz führt zu einer deutlich höheren Qualität der Ergebnisse, während eine Erhöhung der Anzahl der Variablen den gegenteiligen Effekt bewirkt. Die Einflüsse von K, LEV und RED fallen deutlich kleiner aus als bei L und N. Eine steigende Komplexität führt bei allen Algorithmen außer dem Lasso Algorithmus zu einer leichten Verschlechterung. Gleiches gilt für den Anteil an redundanten Merkmalen. Bei beiden Einflussgrößen ist davon auszugehen, dass die Embedded Methode durch die integrierte Such- und Modellbildung leichte Vorteile gegenüber den Wrapper-Methoden hat, welche die Schritte getrennt durchführen. Steigt der Anteil an Merkmalen mit geringem Einfluss, gibt es bei allen Algorithmen eine leichte Verschlechterung der Ergebnisse, da die Einflüsse dann nicht mehr zuverlässig detektiert werden können. Bei der Anzahl der Datenpunkte und der Merkmalsanzahl liegt für alle Algorithmen die gleiche Tendenz vor. Es zeigt sich, dass insbesondere die beiden SBS-Wrapper-Methoden von den günstigen Ausprägungen der Einflussparameter (viele Datenpunkte und wenig Merkmale) profitieren. Gleichzeitig sind die beiden Algorithmen relativ gesehen jedoch auch am stärksten negativ von ungünstigen Ausprägungen (wenige Daten und viele Merkmale) beeinflusst. Aufgrund des absolut gemessenen Vorteils der beiden SBS-Wrapper-Methoden wird diese Volatilität hingenommen. Selbst die Ergebnisse der SBS-Wrapper-Methoden in den schlechteren Ausprägungen sind absolut gesehen vergleichbar mit den Ergebnissen der beiden anderen Algorithmen. Aus den Erkenntnissen des Effektediagramms wird eine Empfehlung für die Anwendung abgeleitet, welche eine Erhöhung des Stichprobenumfangs bei Versuchen (= Länge des Datensatzes L) empfiehlt, da signifikante Steigerungen der Ergebnisgüte (suc) des Algorithmus selbst bei kleinen Steigerungen des Stichprobenumfangs erwarten lassen.

Aufgrund der vergleichbaren Bewertungen der beiden SBS-Wrapper-Methoden in den notwendigen und hinreichenden Kriterien sowie der Analyse des Effektediagramms, kann keine eindeutige Auswahl des am besten geeignetsten Algorithmus geschehen. Um in der Anwendung möglichst gute Ergebnisse zur erzielen, werden die beiden Algorithmen kombiniert. Da in der Anwendung die Relevanz der Merkmale nicht bekannt ist, kann nicht auf die Bewertung mittels der *success*-Metrik zurückgegriffen werden. In diesem Fall wird eine Mehrheitsentscheidung (relevant/ irrelevant) für jedes Merkmal getroffen. Ein Merkmal wird als relevant angesehen, wenn mehr als 50% der Durchläufe algorithmusübergreifend das Merkmal als relevant einschätzen. Die Anzahl der Durchläufe der Algorithmen ist abhängig von der Risikobereitschaft und der zur Verfügung stehenden Rechenkapazitäten.

4.4 Zwischenfazit: Relevanzbewertung von Einflussgrößen auf Messprozesse

Die Grundlage für die Erstellung eines Modells der Messung bildet die Kenntnis über die Messgröße und die Einflussgrößen eines Messprozesses. Gemäß GUM sind alle relevanten Einflussgrößen in dem Modell der Messung zu berücksichtigen. Gleichzeitig erhöht die Berücksichtigung zu vieler, nicht relevanter Einflussgrößen den Modellierungsaufwand und den Aufwand für die Messunsicherheitsbestimmung.

FS-Methoden bieten die Möglichkeit, automatisiert relevante und irrelevante Merkmale zu identifizieren. Je nach Art der FS-Methode (Filter, Wrapper oder Embedded) werden die relevanten Merkmale direkt über einen Such- oder über eine Kombination aus Such- und Lernalgorithmus identifiziert. In der vorliegenden Forschungsarbeit wurden zunächst Anforderungen an FS-Algorithmen zur Anwendung auf die Modellbildung in der Messunsicherheitsbestimmung aufgestellt. Aus den Anforderungen wurden neben den notwendigen Kriterien der Relevanz und Effizienz, die hinreichenden Kriterien der Stabilität, Universalität sowie Komplexität abgeleitet. Grundlage für die Bewertung sind 16 erstellte Simulationsdatensätze, welche jeweils systematisch verschiedene Eigenschaften (Länge des Datensatzes, Anzahl der Merkmale, Komplexität, Anteil Variablen mit geringem Einfluss, Anteil der Variablen mit redundanter Information) vereinen und verschiedene Messprozesse repräsentieren. Aufgrund fehlender Verfahren zur Bewertung von FS-Algorithmen in der Messunsicherheitsbestimmung wurde ein zweigeteiltes Verfahren entwickelt. Das Verfahren basiert auf der *success*-Metrik nach BÓLON-CANEDO ET AL. (Bolón-Canedo und Alonso-Betanzos 2018), der auf die Anforderungen der Modellbildung zur Messunsicherheitsbestimmung angepassten Bewertung der

Stabilität nach NOGUEIRA ET. AL. (NOGUEIRA ET AL. 2018) sowie neu entwickelte Kennzahlen zur Bewertung der Universalität und Komplexität.

Von insgesamt neun über eine Literaturrecherche identifizierten FS-Algorithmen, welche die übergeordneten Restriktionen der Anwendung erfüllen, konnten über eine Bewertung der Relevanz und Effizienz (Suc) vier Algorithmen identifiziert werden, welche vielversprechende Ergebnisse lieferten. Die vier Algorithmen wurden hinsichtlich der hinreichenden Kriterien weiter untersucht. Übergreifend die besten Ergebnisse konnten die beiden SBS-basierten Wrapper-Methoden basierend auf einem linearen Modell sowie einem neuronalen Netz liefern. Da über eine weiterführende Analyse des Effektediagramms der Einflussparameter (Länge des Datensatzes, Anzahl der Merkmale, Komplexität, Anteil Variablen mit geringem Einfluss, Anteil der Variablen mit redundanter Information) ebenfalls keine Unterschiede zwischen den beiden SBS-Wrapper Algorithmen ermittelt werden konnte, wurden die beiden zusammengeführt. Für die Anwendung in der Forschungsarbeit wird eine Kombination aus beiden Algorithmen gewählt.

Die Voraussetzung zur Anwendung des entwickelten Bewertungsverfahrens ist die Kenntnis der Relevanz der Merkmale. Bei unbekannter Relevanz kann die *success*-Metrik als notwendiges Merkmal nicht bestimmt werden. Weiterhin gelten die Ergebnisse der Untersuchungen für Datensätze mit vergleichsweise kleinen Datenmengen (≤ 150 Datenpunkte), numerischen und kategorialen Eingangsgrößen sowie einem skalaren Output. Diese Voraussetzungen decken eine Vielzahl von (komplexen) Messprozessen ab. Eine Übertragung auf andere Anwendungsgebiete (insb. Anwendungen im Bereich Big Data) ist im Einzelfall zu überprüfen.

In der vorliegenden Forschungsarbeit bildet die Relevanzbewertung die Grundlage für die Modellbildung. Die Ergebnisse der Relevanzbewertung (= als relevant identifizierte Einflussgrößen) werden genutzt, um mittels Symbolischer Regression ein Modell der Messung für komplexe Messprozesse zu bilden. Die Forschungsergebnisse zur Symbolischen Regression werden in Kapitel 5 beschrieben.

5 Symbolische Regression

Nachdem über das Verfahren aus Kapitel 4 die relevanten Einflussgrößen identifiziert wurden, folgt gemäß dem vorgestellten Vorgehen zur Messunsicherheitsbestimmung die Modellbildung. Als genetischer Algorithmus zur hybriden Modellbildung bietet die Symbolische Regression gute Voraussetzung für die Anwendung in der Modellbildung zur Messunsicherheitsbestimmung komplexer Messprozesse. Im Folgenden werden die in Kapitel 2.2.5 aufgezeigten Forschungslücken im Zusammenhang mit dem Modellbildungsalgorithmus untersucht und die Ergebnisse der Untersuchungen beschrieben. In Kapitel 5.1 wird zunächst die Integration von Erfahrungswissen als Grundlage der hybriden Modellbildung geprüft. In Kapitel 5.2 wird die multikriterielle Optimierung zur Verhinderung/Eindämmung des Bloating-Effekts untersucht. Anschließend wird in Kapitel 5.3 die Optimierung der Hyperparameter der Symbolischen Regression analysiert, indem bestehenden Algorithmen der Hyperparameteroptimierung auf die Problemstellung angewendet und strukturiert miteinander verglichen werden. Das Kapitel schließt mit einem Zwischenfazit als kritische Reflektion zur Anwendung der Symbolischen Regression als Modellbildungsalgorithmus in der Messunsicherheitsbestimmung komplexer Messprozesse.[5]

5.1 Integration von Erfahrungswissen

Die Integration von Erfahrungswissen bildet die Grundlage eines hybriden Modellbildungsalgorithmus. Für die Untersuchung der Integration sind zunächst Anforderungen aufzustellen, welche im Zusammenhang mit der Einbringung von Erfahrungswissen erfüllt sein müssen. Aufgrund der fehlenden Angaben in der Literatur wurden die Anforderungen eigenständig erarbeitet und mit Mitgliedern des VDI-Fachausschusses 1.21 „Eignungsnachweise von Mess- und Prüfprozessen" als Experten in dem Fachgebiet diskutiert und bestätigt. Die Anforderungen wurden für die Anwendung der Symbolischen Regression auf die Modellbildung in der Messunsicherheitsbestimmung aufgestellt. Eine Anwendung auf andere Anwendungsfälle ist denkbar, jedoch im Einzelfall zu prüfen. Der Betrachtungsraum der Untersuchungen sieht vor, dass Erfahrungswissen in entsprechenden Teilmodellen (inkl. Modellgleichung der nach GUM vorgegebenen Form) des Gesamtzusammenhangs vorliegt oder in eine solche Form überführt werden kann. Als Hilfestellung zur Überführung von Erfahrungswissen in die Form einer (Teil-)Modellgleichung wird auf das bereits in Kapitel 2.2.5 beschriebene Verfahren nach SOMMER UND SIEBERT (Sommer und Siebert 2006) verwiesen.

Die Anforderungen an die Integration von Erfahrungswissen in die Modellbildung ergeben sich zu:

[5] Der Code für die Symbolische Regression wurde unter https://github.com/tmueller1/symbolic-regression veröffentlicht.

1. Die Einbringung des Erfahrungswissen in Form von Teilmodellen muss ermöglicht werden, ohne dass die Position des Teilmodells im späteren Gesamtmodell bekannt ist.
2. Die Einbringung von Erfahrungswissen muss zu einer Verbesserung der Ergebnisse (in Form von Modellgüte und/oder Rechenzeit) führen.
3. Die Einbringung von falschem Erfahrungswissen (z. B. falschen funktionalen Zusammenhängen in Form von falschen Teilmodellen) muss identifiziert werden und die entsprechenden Teilmodelle dürfen keine Berücksichtigung in dem späteren Gesamtmodell finden.

Für die Umsetzung der Integration von Erfahrungswissen werden zunächst die bestehenden Bestandteile der Symbolischen Regression näher betrachtet. Die Modellbildung basiert auf a priori festgelegten primitiven Funktionen, wie z. B. mathematischen Operatoren und Konstanten. Dem Algorithmus werden bspw. die Möglichkeiten der Addition und der Subtraktion sowie das Einfügen einer Konstanten zur Verfügung gestellt. Es wurden somit mindestens drei mögliche Teilbestandteile des späteren Modells zur Verfügung gestellt, ohne dass ein Wissen darüber besteht, welche Positionen die Teilbestandteile im späteren Modell einnehmen werden. Weiterhin wird in der Anwendung der Symbolischen Regression deutlich, dass nicht zwingend alle zur Verfügung gestellten mathematischen Operatoren und/oder Konstanten genutzt werden. Die beschriebene Logik der mathematischen Operatoren und Konstanten erfüllt somit alle der oben genannten Anforderungen an die Integration von Erfahrungswissen in die Symbolische Regression.

Der Logik der primitiven Funktionen folgend, sind auf Erfahrungswissen basierende Teilmodelle wie mathematische Operatoren und Konstanten dem Algorithmus zur Verfügung zu stellen. Der Modellinput wird somit um die Teilmodelle erweitert (s. Abbildung 5-1).

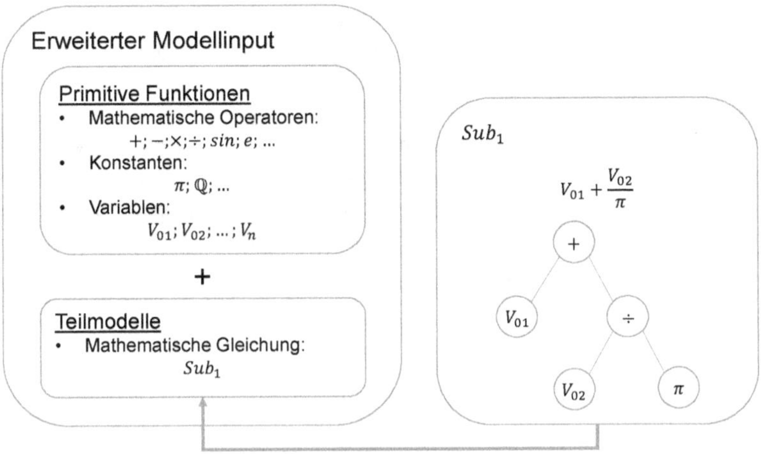

Abbildung 5-1 Integration von Erfahrungswissen in die Symbolische Regression

Für die weitere Untersuchung der Integration von Erfahrungswissen wird das oben beschriebene Vorgehen auf einen Experimentaldatensatz aus der Literatur angewendet. QUAN UND FRY beschreiben in (Quan und Fry 1995) die empirische Bestimmung des Brechungsindex von Meerwasser als einer der wichtigsten optischen Eigenschaften. Der optische Brechungsindex (η) wird beispielsweise zur Ermittlung des spezifischen Volumens von Meerwasser oder zur Analyse der Ausbreitung von Unterwasserstrahlen verwendet. Ziel ist ein empirisches Modell des Brechungsindezes in Abhängigkeit der Temperatur (T), des Salzgehalts (S) und der Wellenlänge (λ) bei atmosphärischem Druck. (Quan und Fry 1995, S. 3477) Grundlage für die Modellbildung sind die Versuchsdaten aus (Austin und Halikas 1976). Die Versuchsdaten sind in Anhang A2 dargestellt. Als Referenz wird die durch MCNEIL in (McNeil 1977) aufgestellte Regressionsgleichung verwendet:

$$\eta(S,T,\lambda) = 1{,}3247 - 2{,}5 * 10^{-6}T^2 + S(2 * 10^{-4} - 8 * 10^{-7}T) + \frac{3300}{\lambda^2} - \frac{3{,}2 * 10^7}{\lambda^4}$$

Insgesamt werden fünf verschiedene Szenarien untersucht. Die verschiedenen Szenarien sind in Tabelle 5-1 dargestellt. Als Grundlage wird die Modellbildung ohne Erfahrungswissen genutzt (Szenario 05). Weiterhin werden vier verschiedene Szenarien definiert, in denen jeweils ein Teilmodell vorgegeben wird, welches in der (bekannten) Modellgleichung nach MCNEIL enthalten ist. Die vier Szenarien unterscheiden sich darin, wie viel von der Modellgleichung in dem Teilmodell enthalten ist. Das Teilmodell aus Szenario 01 enthält die vollständige Modellgleichung; Szenario 02 und 03 entsprechend weniger Bestandteile. Das Szenario 04 enthält fehlerhafte Informationen, welche gemäß den Anforderungen nicht in der späteren Modellgleichung berücksichtigt werden dürfen. In den Kommentaren in Tabelle 5-1 ist der durch das Teilmodell durchschnittlich erklärte Effekt auf das Ergebnis in Prozent angegeben. Es ist zu erkennen, dass das Teilmodell aus Szenario 02 einen Großteil der Terme des Modells nach MCNEIL enthält, jedoch aufgrund der fehlenden Berücksichtigung der Konstanten lediglich 1,1% des Ergebnisses erklärt. Ziel der unterschiedlichen Erklärungsanteile ist es, zu analysieren, bis zu welchen Grenzen die Integration von Erfahrungswissen Vorteile bietet.

Tabelle 5-1 Szenarien zur Überprüfung der Integration von Erfahrungswissen

Szenario	Teilmodell	Kommentar
01	$1{,}3247 - 2{,}5 * 10^{-6}T^2 + S(2 * 10^{-4} - 8 * 10^{-7}T) + \frac{3300}{\lambda^2} - \frac{3{,}2 * 10^7}{\lambda^4}$	Vollständiges Modell (100%)
02	$-2{,}5 * 10^{-6}T^2 + S(2 * 10^{-4} - 8 * 10^{-7}T) + \frac{3300}{\lambda^2}$	~1,1%
03	$S(2 * 10^{-4} - 8 * 10^{-7}T)$	~0,1%

04	$\frac{(T-S)^2}{4} * 6 - \frac{S}{1000}$	Falsches Teilmodell (0%)
05	-	Kein Erfahrungswissen (0%)

Um den zufälligen Effekten der Symbolischen Regression Rechnung zu tragen, wird der Algorithmus wiederholt auf den Datensatz angewendet. Für die Modellbildung wurden folgende, auf Expertenwissen basierende, Hyperparameter genutzt:

- Anzahl der Generationen: 100
- Größe der Population: 400
- Wahrscheinlichkeit einer Kreuzung: 1
- Wahrscheinlichkeit einer Mutation: 0,2
- Gewichtung der Modelllänge[6]: 0,0001
- Anzahl der Wiederholversuche: 10

Tabelle 5-2 zeigt die Fitnessbewertung (RMSE) über die verschiedenen Generationen. Die letzte Zeile entspricht der Bewertung der resultierenden Modellgleichung. In Tabelle 5-2 ist jeweils die beste Versuchsreihe dargestellt; in grau ist jeweils die Generation gekennzeichnet, in welcher die endgültige Modellgüte erstmalig erreicht wird. Die resultierenden Modellgleichungen der besten Versuchsreihe sind in Tabelle 5-3 dargestellt. Tabelle 5-4 zeigt die Auswertung der Szenarien über alle Versuchsreihen.

Tabelle 5-2 Auswertung der Fitness nach Integration von Erfahrungswissen

Generation	Beste Fitness (RMSE) pro Generation (im jeweiligen Szenario 01-05)				
	01	**02**	**03**	**04**	**05**
1	0,0199	0,0786	0,1651	0,0062	0,0217
2	0,0002	0,0770	0,1232	0,0891	0,0217
3	0,0002	0,0050	0,0088	0,0692	0,0217
4	0,0002	0,0050	0,0088	0,0238	0,0217
5	0,0002	0,0050	0,0088	0,0051	0,0163
...	...	...	...	...	...
27	0,0002	0,0041	0,0064	0,0051	0,0075
28	0,0002	0,0031	0,0064	0,0051	0,0075
...	...	...	...	...	...

[6] Eine detaillierte Beschreibung des Hyperparameters ist in Kapitel 5.2 zu finden.

38	0,0002	0,0031	0,0048	0,0051	0,0049
39	0,0002	0,0031	0,0046	0,0051	0,0049
...	...	...	...	...	...
55	0,0002	0,0031	0,0046	0,0050	0,0049
56	0,0002	0,0031	0,0046	0,0049	0,0049
...	...	...	...	...	...
99	0,0002	0,0031	0,0046	0,0049	0,0062
100	**0,0002**	**0,0031**	**0,0046**	**0,0049**	**0,0049**

In Tabelle 5-2 ist zu erkennen, dass die Integration von Erfahrungswissen schneller zu dem endgültigen Ergebnis führt. Je umfassender das Erfahrungswissen ist, desto schneller wird die endgültige Modellgleichung erreicht. Auffällig ist, dass die Modellgüten bei allen Szenarien monoton fallend sind. Eine Ausnahme bildet Szenario 05, bei dem die Modellgüte schwankt. Dieser Effekt ist ausschließlich in der besten Versuchsreihe der zehn Wiederholversuche zu erkennen und wird auf die zufälligen Effekte des Algorithmus in Verbindung mit der gewählten Wahrscheinlichkeit für die Mutation und dem fehlenden Erfahrungswissen zurückgeführt. Übergreifend konnte gezeigt werden, dass die notwendige Rechenzeit bis zum endgültigen Ergebnis mit zunehmendem Erfahrungswissen reduziert werden konnte. Die entsprechende Anforderung ist erfüllt. Weiterhin ist zu erkennen, dass die beste Modellgüte der Wiederholversuche entsprechend mit dem Umfang des Erfahrungswissen korreliert. Je umfassender das Erfahrungswissen, desto besser die Modellgüte. Die entsprechende Anforderung ist somit ebenfalls erfüllt. Zur Berücksichtigung der zufälligen Effekte werden die Ergebnisse der Wiederholversuche (Tabelle 5-3) weiter ausgewertet.

Tabelle 5-3 Statistische Analyse der Szenarien über alle Versuchsreihen

	01	**02**	**03**	**04**	**05**
Mittelwert RMSE	0,0002	0,0046	0,0053	0,0053	0,0052
Standard-abweichung	0	0,0007	0,0006	0,0007	0,0003

Zur weiterführenden Bewertung der Modellgüte werden die statistischen Analysen der Wiederholversuche mittels zweiseitigem t-Test (Signifikanzniveau $\alpha = 5\%$) ausgewertet. Mit der Bewertung wird untersucht, ob die Ergebnisse aus Tabelle 5-2 ausschließlich auf zufällige Effekte zurückzuführen sind oder ob es sich um einen statistisch signifikanten Effekt handelt. Die besten Ergebnisse konnten in Szenario 01 erzielt werden. Im Vergleich zum zweitbesten Szenario 02 sowie zum Referenz-Szenario 05 konnte ein Unterschied mit statistischer Signifikanz (p-Wert unter 0,0001) nachgewiesen werden. Für Szenario 02 konnte ein statistisch signifikanter Unterschied (p-Wert unter 0,05) zu den restlichen Ergebnissen nachgewiesen werden. Das Ergebnis des t-Tests zeigt, dass trotz des niedrigen, durch das Teilmodell erklärten Effekts am Ergebnis (~1%), eine Verbesserung durch die Integration von Erfahrungswissen erzielt werden kann. Zwischen den Szenarien 03, 04 und 05 existiert kein statistisch signifikanter Unterschied. Zusammenfassend konnten die vermuteten Unterschiede in den Ergebnissen aus Tabelle 5-2 bestätigt werden. Lediglich die Aussagekraft wird etwas reduziert, da die Einbringung des Erfahrungswissens über die Wiederholversuche nicht in jedem Fall zu einem besseren Ergebnis geführt hat. Begründet werden kann dies durch den sehr kleinen Effekt des Teilmodells aus Szenario 03 auf den Gesamtzusammenhang. Der Effekt von nur ca. 0,1% stellt sich als zu gering raus, um in Wiederholversuchen einen konstant positiven Effekt auf die Modellgüte zu bewirken.

Für die Analyse der restlichen Anforderungen, werden die resultierenden Modellgleichungen näher betrachtet. In Tabelle 5-4 sind in grün die vorgegebenen Teilmodelle dargestellt. Die Analyse zeigt, dass die Integration von Erfahrungswissen prinzipiell möglich ist. Die entsprechende Anforderung ist somit erfüllt. Weiterhin ist zu erkennen, dass insbesondere bei Szenario 01 und 02 das vorgegebene Modell vollständig berücksichtigt wurde. Es ist auch zu erkennen, dass in Szenario 04 das falsche Erfahrungswissen nicht berücksichtigt wurde. Aufgrund des hohen Effekts der Konstanten (~98%) werden jedoch keine Variablen in den Modellen der Szenarien 03 bis 05 berücksichtigt. Die Ergebnisse zeigen, dass insbesondere bei der Modellierung von kleinen Effekten weitere Untersuchungen notwendig sind. Hierfür werden in Kapitel 5.3 die Optimierung der Hyperparameter untersucht, welche die entsprechende Modellbildung beeinflussen können und die Modellbildung somit auch auf die Berücksichtigung kleinerer Effekte ausgelegen kann.

Tabelle 5-4 Resultierende Modellgleichung der jeweiligen Szenarien auf Basis des besten Ergebnisses (grün: vorgegebenen Teilmodelle)

Szenario	Modellgleichung
01	$1{,}3247 - 2{,}5 * 10^{-6}T^2 + S(2 * 10^{-4} - 8 * 10^{-7}T) + \frac{3300}{\lambda^2} - \frac{3{,}2 * 10^7}{\lambda^4}$
02	$\sqrt{\lambda^2 * (-S * (8 * 10^{-7} * T - 2 * 10^{-4}) - 2{,}5 * 10^{-6} * T^2 + 1{,}7791266 + \frac{3300}{\lambda^2}}$
03	1,34
04	1,34
05	1,34

Zwischenfazit

Die Integration von Erfahrungswissen in die Modellbildung stellt die Grundlage für einen hybriden Modellbildungsalgorithmus dar. Für die Umsetzung der Integration konnten verschiedene Anforderungen definiert und durch Experten validiert werden. Zum einen darf nicht davon ausgegangen werden, dass bekannt ist, wo ein Teilmodell im späteren Modell verortet ist. Zum anderen sollte die Integration von Erfahrungswissen zu einer Verbesserung der Ergebnisgüte in Form von besseren Fitnessbewertungen und/oder kürzeren Rechenzeiten führen. Weiterhin muss der Algorithmus falsches Erfahrungswissen zuverlässig identifizieren und die falschen Teilmodelle dürfen kein Bestandteil des resultierenden Gesamtmodells bilden. Über fünf verschiedene Szenarien wurde die Integration von Erfahrungswissen anhand eines Datensatzes aus der Literatur untersucht. Die Versuche haben gezeigt, dass ohne Vorgaben, wo das Teilmodell im späteren Gesamtmodell zu verorteten ist, das Erfahrungswissen integriert werden konnte. Hierbei wurde der (zu erwartende) Zusammenhang deutlich, dass die Symbolische Regression schneller zu dem optimalen Ergebnis gelangt, wenn vergleichsweise detaillierte Teilmodelle vorgeben werden. Über die Versuche konnte gezeigt werden, dass Teilmodelle, welche >1% des Zusammenhangs erklären, zuverlässig, auch in wiederholter Durchführung der Modellbildung, integriert werden. Bei Teilmodellen, die weniger als 1% des Ergebnisses erklären, konnte der Nutzen nicht, bzw. nur bedingt nachgewiesen werden. Teilmodelle mit falschen Zusammenhängen konnten zuverlässig identifiziert werden und wurden in den resultierenden Gesamtmodellen nicht berücksichtigt. Übergreifend konnten somit alle Anforderungen erfüllt werden.

5.2 Multikriterielle Optimierung

Zur Verhinderung oder zumindest Reduzierung des Bloating-Effekts wird eine multikriterielle Optimierung genutzt. In Anlehnung an (Quade et al. 2016) ergibt sich die der Optimierung zugrundeliegende allgemeine Bewertung von n Kriterien Γ_i zu:

$$\Gamma = \sum_{i=1}^{n} w_i \Gamma_i$$

Hierbei werden die einzelnen Bewertungskriterien Γ_i über eine Gewichtung w_i miteinander verknüpft. Für die Anwendung der multikriteriellen Optimierung auf die Symbolische Regression zur Reduzierung des Bloating-Effekts werden die Fitness (RMSE) sowie die Länge der Modellgleichung berücksichtigt. Die Länge der Modellgleichung kann aufgrund der Baumstruktur der Symbolischen Regression über die Anzahl der Knoten ermittelt werden. Das Bewertungskriterium nach QUADE ET AL. ergibt sich somit zu:

$$\Gamma_{SR} = w_1 \Gamma_{RMSE} + w_2 \Gamma_{Length}$$

Betrachtet man das Bewertungskriterium der Länge der Modellgleichung, ist die lineare Berücksichtigung zu hinterfragen. Hinsichtlich der semantischen Verständlichkeit und des Rechenaufwands kann, vergleichbar mit der Berücksichtigung des quadratischen Fehlers in der Bestimmung des RMSE, von einem mindestens quadratischen Zusammenhang ausgegangen werden. Folglich werden insbesondere Steigerungen von Modelllängen in hohen Wertebereichen „abgestraft". Für die vorliegende Forschungsarbeit wird daher die folgende Bewertungsmetrik für die multikriterielle Optimierung genutzt:

$$\Gamma_{\mathrm{SR}} = w_1\Gamma_{RMSE} + w_2\Gamma_{Length}^2$$

Um die Wirksamkeit der gewählten multikriteriellen Optimierung zu überprüfen, werden verschiedene Modelle mit und ohne Berücksichtigung der Modelllänge analysiert. Hierfür wird die multikriterielle Optimierung auf die Datensätze 02, 06 und 09 aus den in Kapitel 4 beschriebenen Beispieldatensätzen angewendet.

Die Ergebnisse sind in Tabelle 5-5 dargestellt. Es sind jeweils die resultierenden Modellgleichungen sowie der RMSE der Modelle auf Basis des Testdatensatzes dargestellt. Für die Modellbildung werden folgende Hyperparameter gewählt:

- Anzahl der Generationen: 50
- Größe der Population: 50
- Wahrscheinlichkeit einer Kreuzung: 1
- Wahrscheinlichkeit einer Mutation: 0,2
- Gewichtung der Modelllänge: 0,001

Tabelle 5-5 Ergebnisse der multikriteriellen Optimierung (Datensatz 02)

DS	Metrik	Modellgleichung	RMSE
02	$w_1\Gamma_{RMSE} + w_2\Gamma_{Length}^2$	$-V01 - V02 + V06\_M02 * V08 - cos(V08)$	5,4605
02	$w_1\Gamma_{RMSE}$	$sin((((V01 + (V01 + ((((V01 + V01) + V05) + (V08/((((((V08 + (V01 + (((sqrt(V02)/(V11 * V09)) + V11) * cos(V07)))) + V04) + (V10 * V07))/(((V05 + V01) * V11)/V08)) + V07)/V01)))/V01)))/V07) + cos(((V05 + V01) + (V10 * V07))))) - (((V05 + V01) + (V09 * V07)) + ((V05 + V11) * V05))$	5,6589
06	$w_1\Gamma_{RMSE} + w_2\Gamma_{Length}^2$	2*V01 + 5*V06_M2 + cos(V06_M1)	2,8867
06	$w_1\Gamma_{RMSE}$	$V01 + V05 + 2 * V06\_M2 - cos(V06\_M2 * (V020 + V05 + V06\_M2)/V01)$	2,8582

09	$w_1\Gamma_{RMSE} + w_2\Gamma_{Length}^2$	$V01 + V05 + V06\_M2$	3,6270
09	$w_1\Gamma_{RMSE}$	$V02 - V07 + sin(V06\_M2 + sin(sin(sin(sqrt(V06\_M2)) - sin(cos(V01 + V06\_M2)))))$	4,1870

Die Ergebnisse zeigen, dass die Modellgleichungen mit multikriterieller Optimierung signifikant kürzer sind als die ausschließliche Optimierung mittels RMSE. Gleichzeitig sind die RMSE vergleichbar gut (s. Datensatz 06) oder sogar besser (s. Datensätze 02 und 09). Auch die Verständlichkeit der Formeln ist bei einer ausschließlichen Optimierung mittels RMSE deutlich schlechter. Der Effekt wird besonders bei Datensatz 09 deutlich, wo eine dreifach geschachtelte Sinusfunktion Teilmodell der Modellgleichung ist. Der erhöhte Rechenaufwand wird insbesondere über eine Steigerung der Generationen deutlich. Die Steigerung der Generationen verstärkt den Bloating-Effekt und führt bei einer Generationenzahl von 100 bei allen drei Datensätzen (und ausschließlicher Berücksichtigung des RMSE in der Bewertungsmetrik) zu einer Knotenzahl größer als 90. Vergleicht man das beispielhaft mit der Knotenanzahl von Datensatz 02 (nur RMSE; 35 Knoten), führt die Verdopplung der Generationen zu einer überproportional großen Steigerung der Knotenanzahl.

Zwischenfazit

Der Bloating-Effekt führt zu Modellen, welche übermäßig lang sind. Modelle, die dem Bloating-Effekt unterliegen bestehen aus diversen Termen, welche keinen Effekt auf die Performance des Algorithmus haben. Die übermäßige Länge führt zu einer schlechteren semantischen Verständlichkeit und zu einem erhöhten Rechenaufwand innerhalb des Algorithmus, welcher über die Steigerung der Generationen überproportional ansteigt. Über die beschriebene multikriterielle Optimierung konnte die Modelllänge in Versuchsreihen zuverlässig reduziert werden, ohne dass die Modellgüte negativ beeinflusst wurde. Das gewünschte Ergebnis, die Reduktion des Bloating Effekts, konnte somit erzielt werden. Die Kritik von QUADE ET AL. (QUADE ET AL. 2016, S. 5), dass die Gewichtung der Modelllänge a priori festgelegt werden muss, wird nachfolgend über die Optimierung der Hyperparameter (Kapitel 5.3) berücksichtigt.

5.3 Hyperparameteroptimierung

Die Modellbildung der Symbolischen Regression definiert sich über verschiedene Hyperparameter.[7] Die Hyperparameter werden a priori festgelegt und beschreiben die Rahmenbedingungen innerhalb derer die Modellbildung stattfindet. Für die Symbolische Regression sind die betrachteten Hyperparameter:

1. die Anzahl der Generationen,
2. die Größe der Population,
3. die Wahrscheinlichkeit einer Mutation,
4. die Wahrscheinlichkeit für eine Kreuzung und
5. die Gewichtung der Knotenanzahl in der multikriteriellen Optimierung.

Für eine Erklärung der Hyperparameter 1 bis 4 wird auf Kapitel 2.2.5 verwiesen, für Hyperparameter 5 auf Kapitel 5.2. Für die Anwendung in der Modellbildung zur Messunsicherheitsbestimmung komplexer Messprozesse kann gezeigt werden, dass vor allem die Hyperparameter 3-5 relevant sind. Über Versuche kann gezeigt werden, dass die Optimierungsrichtung der Hyperparameter 1 und 2 eindeutig ist. Sowohl für die Anzahl der Generationen als auch für die Größe der Population führen höhere Werte zu besseren Modellgüten. Beispielhaft ist die Auswertung über eine steigende Anzahl an Generationen und eine größer werdende Anzahl der Populationen (bei ansonsten jeweils gleichbleibenden Hyperparametern) von Datensatz 02 aus Kapitel 4 in Abbildung 5-2 für die Generationen und Abbildung 5-3 für die Populationsgröße dargestellt. Da bei den in Betracht zu ziehenden Algorithmen jeweils die Wertebereiche für alle zu optimierenden Hyperparameter angegeben werden, würde eine Berücksichtigung der beiden Hyperparameter lediglich zu einem erhöhten Rechenaufwand führen. Begründet ist der erhöhte Rechenaufwand in der Modellbildung mit submaximalen (bezogen auf den vorgegebenen Wertebereich) Werten für die Generationen und die Populationen, welche durch das a priori Wissen über den Modellbildungsalgorithmus zu suboptimalen Ergebnissen führen. Für die Versuche wurden nur jeweils die Hyperparameter der Anzahl der Generationen und der Populationsgröße variiert. Die Wahrscheinlichkeit für eine Mutation wird mit 0,05 angenommen, die Wahrscheinlichkeit für eine Kreuzung mit 0,75 und die Gewichtung der Modelllänge mit 0,001. Für die Grenzwertbetrachtung der Generationen wurde eine Populationsgröße von 100 festgesetzt. Für die Grenzwertbetrachtung der Populationsgröße eine Anzahl der Generationen von 100. In den Abbildungen der Grenzwertbetrachtungen sind jeweils die Mittelwerte von zehn Durchläufen mit $\pm\, 2s$ angegeben.

[7] Der Code für die Hyperparameteroptimierung wurde unter https://github.com/tmueller1/hpo-for-symbolic-regression veröffentlicht.

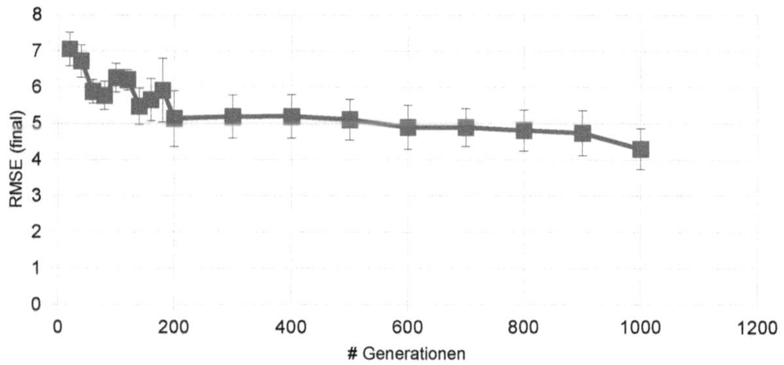

Abbildung 5-2 Grenzwertbetrachtung der Generationen

In der Grenzwertbetrachtung der Generationen wird deutlich, dass gerade bei geringen Anzahlen der Anstieg der Generationen eine deutliche Verbesserung der Modellgüte hervorruft (Generationenanzahl 20 bis 100). In dem Bereich von 100 bis 200 Generationen erkennt man eine Streuung um einen RMSE knapp unter sechs. Nach 200 Generationen sinkt diese zufällige Streuung und die Werte ergeben vergleichsweise konstante Ergebnisse mit leichten Verbesserungen des RMSE nach 500 Generationen. Die Streuung innerhalb der Wiederholversuche bleibt nahezu konstant (~1) über alle Generationen.

Zusammenfassend belegt die Grenzwertbetrachtung der Generationen die oben aufgestellte These, dass sich die Modellgüte mit steigender Generationenanzahl verbessert. Eine Berücksichtigung der Generationenanzahl in der Hyperparameteroptimierung wird deshalb aus den oben beschriebenen Gründen nicht weiter in Betracht gezogen.

Die Grenzwertbetrachtung der Populationsgröße zeigt ein der Grenzwertbetrachtung der Generationen ähnliches Verhalten. Über die steigende Populationsgröße können geringere Modellfehler erzielt werden. Im Gegensatz zu den Generationen gibt es jedoch geringere Schwankungen über die steigende Populationsgröße. Zudem ist, mit Ausnahme von einer Populationsgröße von 20, die Varianz innerhalb der Wiederholversuche deutlich geringer als bei den Generationen. Die große Varianz in den ersten Wiederholversuchen lässt sich zum einen durch einen Ausreißer in den Daten (RMSE der Wiederholversuche) erklären. Zum anderen sind die relativen stochastischen Effekte bei der sehr geringen Populationsgröße stärker als bei höheren Populationsgrößen.

Zusammenfassend belegt auch die Grenzwertbetrachtung der Populationsgröße die oben aufgestellte These, dass sich die Modellgüte mit steigender Populationsgröße verbessert. Eine Berücksichtigung der Populationsgröße in der Hyperparameteroptimierung wird deshalb aus den oben beschriebenen Gründen nicht weiter in Betracht gezogen.

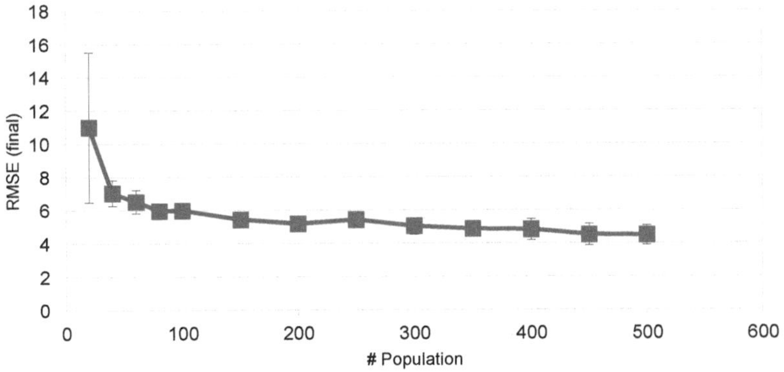

Abbildung 5-3 Grenzwertbetrachtung der Populationsgröße

Für die weitere Untersuchung der vier in Kapitel 2.2.5 ausgewählten Algorithmen zur Hyperparameteroptimierung (Grid Search, Random Search, GP und TPE) werden die Wahrscheinlichkeit einer Mutation, die Wahrscheinlichkeit einer Kreuzung und die Gewichtung der Knotenanzahl in der multikriteriellen Optimierung genutzt. Für die Algorithmen zur Optimierung der Hyperparameter werden folgende Wertebereiche vorgegeben:

- Wahrscheinlichkeit (P) zur Mutation (M): $P(M) \in [0{,}001; 0{,}2]$
- Wahrscheinlichkeit (P) zur Kreuzung (K): $P(K) \in [0{,}5; 1]$
- Gewichtung (G) der Knotenanzahl (Z): $G(Z) \in [0{,}001; 0{,}1]$

Für Grid Search gilt die Besonderheit, dass die einzelnen Ausprägungen der Hyperparameter vollständig vorgegeben werden müssen. Für Grid Search ergibt sich der Untersuchungsraum zu:

- Wahrscheinlichkeit (P) zur Mutation (M): $P(M) \in \{0{,}001; 0{,}1; 0{,}2\}$
- Wahrscheinlichkeit (P) zur Kreuzung (K): $P(K) \in \{0{,}5; 0{,}75; 1\}$
- Gewichtung (G) der Knotenanzahl (Z): $G(Z) \in \{0{,}001; 0{,}05; 0{,}1\}$

Die Wertebereiche basieren auf Vorstudien sowie einer Literaturrecherche. In der Literaturrecherche wurden unter anderem folgende Forschungsarbeiten analysiert: (Augusto und Barbosa 2020; Cai et al. 2006; Gan et al. 2009; Kommenda et al. 2020; Hernandez et al. 2019).

Da sich beim Grid Search 27 verschiedene Kombinationen von Ausprägungen ergeben, wird zur besseren Vergleichbarkeit die Versuchsanzahl bei den anderen drei Algorithmen ebenfalls auf 27 Versuche beschränkt. Die Algorithmen werden auf die 16 in Kapitel 4 vorgestellten Beispieldatensätze angewendet und hinsichtlich des RMSE bewertet. Die Ergebnisse sind in Tabelle 5-6 dargestellt. Für die Modellbildung wurden beispielhaft 25 Generationen und eine Populationsgröße von 500 festgelegt.

Tabelle 5-6 Vergleich der Algorithmen zur Hyperparameter-Optimierung (DS: Datensatz; grau: bestes Ergebnis der Versuchsreihe; MW: Mittelwert)

DS	RMSE Grid Search	RMSE Random Search	RMSE GP	RMSE TPE
1	5,1493	5,9149	4,4270	4,0687
2	5,5689	5,3401	4,1869	5,3935
3	10,2984	14,6862	9,3214	9,8052
4	11,3353	10,9315	10,4768	9,2725
5	1,1997	1,7457	1,7821	1,4600
6	2,2931	3,0381	2,1786	2,3827
7	3,8941	4,6303	3,8898	4,4478
8	3,8997	4,8673	4,0376	4,3787
9	3,3009	4,2971	2,4831	2,6937
10	3,3276	4,0975	4,0896	3,0238
11	8,1734	8,4068	8,1754	7,9804
12	6,1942	8,3871	7,8917	8,0913
13	2,8521	3,1659	2,2840	2,4580
14	2,1442	2,3960	1,9517	1,6221
15	2,8940	3,7761	3,3538	2,9105
16	3,6155	4,1340	3,8302	3,9747
MW	4,7588	5,6134	4,6475	4,6227

Der Vergleich zeigt, dass der Random Search Algorithmus in keinem der 16 Datensätze das beste Ergebnis erzielen konnte. Durch die zufällige Auswahl der Hyperparameterkombinationen kommt der Algorithmus innerhalb der 27 Versuche im Vergleich zu den anderen drei Algorithmen nicht zu vergleichbaren Ergebnissen. Im Mittelwert ist der RMSE des Random Search ca. 17-21% schlechter als die Ergebnisse der anderen Algorithmen. Um auszuschließen, dass eine zu geringe Versuchsanzahl die Ergebnisse des Random Search zu stark negativ beeinflusst, wurden die Versuche mit dem Random Search mit einer doppelten Versuchsanzahl (= 54 Versuche) erneut durchgeführt. Die Ergebnisse sind in Tabelle 5-7 dargestellt. Die Ergebnisse zeigen eine durchschnittliche Verbesserung von ca. 6% im Vergleich zu den Ergebnissen des Algorithmus mit 27 Durchläufen. Da dies im Vergleich zu den anderen Algorithmen im Mittel immer noch signifikant schlechtere Ergebnisse (~10-13% schlechter) sind, wird der Algorithmus nicht weiter betrachtet. Eine weitere Erhöhung der Versuchsanzahl könnte zwar irgendwann aufgrund der zufälligen Auswahl zu einem optimalen Ergebnis führen, ist jedoch mit großen Unsicherheiten und, im Vergleich zu den anderen Algorithmen, großen Rechenaufwänden verbunden.

Tabelle 5-7 Ergebnisse des Random Search Algorithmus bei 54 Versuchen

DS	RMSE Random Search
1	5,8768
2	5,8106
3	10,3386
4	12,0494
5	1,8222
6	2,3957
7	4,2804
8	4,1019
9	3,2419
10	4,0934
11	8,8833
12	7,7214
13	2,8961
14	3,0245
15	3,8001
16	4,1157
MW	5,2782

Der Grid Search Algorithmus sowie die beiden Bayes´schen Algorithem GP und TPE liefern jeweils bei fünf bzw. sechs Datensätzen das beste Ergebnis. Über alle Datensätze liefert der TPE Algorithmus im Mittel die besten Ergebnisse. Zudem ist der TPE Algorithmus als Bayes´scher Algorithmus flexibler als der Grid Search Algorithmus, bei welchem alle Ausprägungen der Hyperparameter a priori festzulegen sind. Es wird erwartet, dass diese Flexibilität Vorteile bei neuen Datensätzen bietet. Weitere Analysen hinsichtlich eines Zusammenhangs zwischen den in Tabelle 4-1 beschriebenen Eigenschaften der Datensätze und den Ergebnissen der Algorithmen in Tabelle 5-6 führten zu keinen eindeutigen Ergebnissen. So liefert z. B. jeder der drei Algorithmen mindestens zwei Mal das beste Ergebnis bei (insgesamt acht) komplexen Zusammenhängen. Weiterhin liefert auch die für Algorithmen schwierige Kombination aus hoher Komplexität und kleiner Datenbasis keinen eindeutig besten Algorithmus. Bei vier Datensätze liefert jeder der drei Algorithmen mindestens ein Mal das beste Ergebnis.

Zwischenfazit

Die automatisierte Optimierung von Hyperparametern ermöglicht es, ohne Expertenwissen ideale Voraussetzungen für eine valide Modellbildung zu schaffen. Für die Hyperparameteroptimierung in der Modellbildung zur Messunsicherheitsbestimmung komplexer Messprozesse mittels Symbolischer Regression konnten insgesamt vier anwendbare Algorithmen identifiziert werden: Grid Search, Random Search und die beiden Bayes´schen Algorithmen GP und TPE. Über die Anwendung auf 16 verschiedene Beispieldatensätze konnten die Algorithmen bewertet und verglichen werden. Die übergreifend leicht besseren Ergebnisse bei den Beispieldatensätzen sowie die im Vergleich zum Grid Search Algorithmus höheren Flexibilität führt zur Auswahl des TPE Algorithmus als Algorithmus für die Modellbildung zur Messunsicherheitsbestimmung komplexer Messprozesse.

5.4 Zwischenfazit: Modellbildung mittels Symbolischer Regression

Die Symbolische Regression bietet als genetischer Algorithmus ideale Voraussetzungen für die Anwendung in der Modellbildung zur Messunsicherheitsbestimmung komplexer Messprozesse. Ziel der vorliegenden Forschungsarbeit war es, die Eignung der Symbolischen Regression näher zu prüfen und allgemein bestehende Herausforderungen (u. a. Bloating-Effekt und Hyperparameteroptimierung) der Symbolischen Regression für die spezifische Problemstellung zu lösen.

Als White-Box Algorithmus bieten die entstehenden Modelle die Möglichkeit die Zusammenhänge auch im Nachhinein zu interpretieren. Weiterhin konnte gezeigt werden, dass die Symbolische Regression als hybrider Modellbildungsalgorithmus auch analytisch-mathematische Teilmodelle berücksichtigen kann. Dies ermöglicht einen reduzierten Modellierungsaufwand durch reduzierte Rechenzeiten und/oder reduzierte Versuchsaufwände. Der Extremfall, dass das vollständige Modell vorgegeben wird, führte zu einer Reduzierung des Modellierungsaufwands durch eine Reduzierung der notwendigen Generationen und zu einer Steigerung der Modellgüte. Falsche, vorgegebene Zusammenhänge konnten durch den Algorithmus zuverlässig identifiziert werden und werden in der resultierenden Modellgleichung nicht berücksichtigt.

In der vorliegenden Forschungsarbeit konnte zudem gezeigt werden, dass der Bloating-Effekt überproportional mit dem Anstieg der Generationenzahl ansteigt. Über die multikriterielle Optimierung konnte der Bloating-Effekt jedoch reduziert werden. Bei einer mindestens gleichbleibenden Modellgüte (RMSE) konnte die notwendige Anzahl der Modellbestandteile deutlich reduziert werden. Beispielhaft konnte die Anzahl an

Knoten bei Datensatz 02 um 80% reduziert werden, während der RMSE bei der kürzeren Modellgleichung sogar leicht besser (~4%) ist. Weiterhin führt die Reduktion der Modelllänge zu semantisch einfacher verständlichen Modellen. Zudem konnten sehr unübliche mathematische Konstruktionen wie eine dreifach verschachtelte Sinusfunktion verhindert werden. Ein solches Konstrukt ist zwar allgemein möglich, jedoch sehr unwahrscheinlich und in der Literatur im Prinzip nicht zu finden.

Verschiedenste Ausprägungen von Datensätzen erfordern unterschiedliche Hyperparameter für die jeweils optimale Modellbildung. Hierbei kann nicht davon ausgegangen werden, dass eine spezifische Hyperparameterkombination für alle Datensätze die besten Ergebnisse erzielt. Aus diesem Grund sind die Hyperparameter individuell für jeden Datensatz zu wählen. Eine manuelle Auswahl benötigt ein hohes Maß an Expertenwissen. Die automatisierte Hyperparameteroptimierung ermöglicht es ohne Expertenwissen die Rahmenbedingungen für eine valide Modellbildung zu setzen. In Untersuchungen der Hyperparameteroptimierung wurden vier prinzipiell geeigneten Algorithmen (Grid Search, Random Search, GP, TPE) identifiziert und auf die 16 in Kapitel 4 entwickelten Datensätze angewendet. Datensatzübergreifend lieferte der TPE Algorithmus die besten Ergebnisse. Eine Korrelation zwischen den Eigenschaften der Datensätze und der Güte der Hyperparameteroptimierung konnte nicht hergestellt wurden.

Für die Anwendung der in Kapitel 5 beschriebenen Ergebnisse gilt, dass die Integration von Erfahrungswissen (sofern welches besteht) keine Einschränkungen des Anwendungsbereichs liefert. Eine Anwendung außerhalb des Betrachtungsraums ist somit uneingeschränkt denkbar. Die multikriterielle Optimierung sowie die Ergebnisse für die Hyperparameteroptimierung sind hingegen durch die Anwendung auf die entwickelten Datensätze spezifisch für die Problemstellung der Modellbildung zur Messunsicherheitsbestimmung komplexer Messprozesse. Eine Übertragbarkeit der Ergebnisse auf andere Problemstellungen ist im Einzelfall zu prüfen.

In der vorliegenden Forschungsarbeit bilden die Ergebnisse zur Symbolischen Regression den Abschluss des Gesamtverfahrens zur Modellbildung in der Messunsicherheitsbestimmung komplexer Messprozesse. Setzt man voraus, dass alle möglichen Einflussgrößen auf einen Messprozess identifiziert wurden, so kann die Relevanz der Einflussgrößen mit dem Verfahren aus Kapitel 4 bewertet und an die Modellbildung übergeben werden. Die Symbolische Regression stellt den Kern des Verfahrens dar und bildet auf Basis der relevanten Einflussgrößen das Modell der Messung, welches über das Verfahren zur Modellvalidierung (Kapitel 3) bewertet werden kann. Um die Validität des Gesamtverfahrens zu bewerten, werden die Forschungsergebnisse nachfolgend in Kapitel 6 auf Beispielmessprozesse angewendet und bewertet. Die Ergebnisse der Validierung bilden die Grundlage für das in Kapitel 7 dargestellte Fazit zur Anwendbarkeit der Forschungsergebnisse als Beratung der Praxis (Vgl. Forschungsmethodik nach ULRICH).

6 Validierung des Modellbildungsverfahrens

Die in den Kapiteln 3 bis 5 beschriebenen Verfahren dienen zur Schließung der in Kapitel 2 identifizierten Forschungslücke im Bereich der Modellbildung zur Messunsicherheitsbestimmung komplexer Messprozesse. Ziel dieses Kapitels ist die Durchführung der notwendigen Experimente im Anwendungszusammenhang zur Beantwortung der in Kapitel 2.3 beschriebenen Forschungsfragen und zur Validierung der Verfahren. Für die Validierung der Verfahren werden die Ergebnisse dieser Forschungsarbeit auf zwei unterschiedliche, komplexe Messprozesse angewendet (Kapitel 6.1 und 6.2). Der erste Messprozess ist eine Computertomographie (CT)-Messung eines Kunststoff-Metall-Würfels als Multimaterial-Werkstück. Der zweite Messprozess ist eine Ultraschall-Messung zur Bestimmung der Wanddicke eines Stufenkeils. Die Ergebnisse der Untersuchungen werden in Kapitel 6.3 zusammengefasst und evaluiert.

6.1 Beschreibung der Validierungsversuche

Die beiden für die Validierung der Forschungsarbeit ausgewählten Messprozesse können als komplexe, statische Messprozesse mit jeweils skalarer physikalischer Messgröße kategorisiert werden und erfüllen somit die Anforderungen zur Validierung der Forschungsarbeiten innerhalb des in Kapitel 2.1 beschriebenen Betrachtungsraums. Die Komplexität der Messprozesse ist darin begründet, dass die Messprozesse jeweils auf komplexen physikalischen Zusammenhängen basieren, sodass kein standardisiertes metrologisches Modell der Messung existiert. Über Vorversuche konnte zudem gezeigt werden, dass kein linearer mathematischer Zusammenhang zwischen den Einflussgrößen und der Messgröße besteht. Die Messgröße selbst wird weiterhin indirekt über besondere Auswertealgorithmen bestimmt. Aufgrund der jeweils skalaren, geometrischen Messgröße sind auch die Anforderungen des statischen Messprozesses sowie der physikalischen Messgröße erfüllt. Die Messprozesse sind in den Kapiteln 6.1.1 und 6.1.2 näher beschrieben.

6.1.1 Computertomographie-Messung

Der Untersuchungsgegenstand des ersten für die Validierung ausgewählten Messprozesses ist die experimentelle Analyse eines Kunststoff-Metall-Würfels (Multimaterial-Werkstück) mit einem Zwei-Röhren-CT-System. Der Kunststoffwürfel besteht aus Polyoxymethylen (POM) in welchen vier Stahlzylinder integriert sind (s. Abbildung 6-1; technische Zeichnung s. Anhang A3). In der messtechnischen Auswertung wurden verschiedene geometrische Eigenschaften (z. B. Durchmesser oder Abstände) untersucht. Für die Untersuchung und die spätere Modellbildung wurden verschiedene Einstellparameter (= Einflussgrößen) des CT gezielt variiert. Die CT-Einstellparameter umfassen verschiedene Kombinationen aus Strom und Spannung. Für die 300 kV Mikrofokusröhre wurden zwei Leistungsniveaus mit 200 kV und 300kV bei 60 W Leistung (zwei Parametersets) sowie 150 kV bis 300 kV (in 50 kV Schritten) bei 80 W Leistung (vier Parametersets) genutzt. Für die 450 kV Makrofokusröhre wurden Spannungen zwischen 150 kV und 450 kV in 50 kV Schritten bei 630 W Leistung (sieben Parametersets) verwendet.

Abbildung 6-1 Kunststoffwürfel mit Stahlzylindern

Für die vorliegende Forschungsarbeit wird der Durchmesser eines Stahlzylinders als Messgröße der CT-Messung untersucht. Hierbei wird jeweils die Position der Durchmessermessung variiert. Der Durchmesser wurde im Abstand von 10 mm, 30 mm und 40 mm zur Seitenfläche gemessen. Insgesamt ergeben sich somit folgende Einflussgrößen für ein mögliches Modell der Messung:

- Abstand zur Seitenfläche
- Verwendete Röhre
- Spannung
- Leistung
- Strom
- Sollwert des Durchmessers

Als Vorwissen kann der Zusammenhang zwischen Leistung (P), Strom (I) und Spannung (U) mit $P = U * I$ angenommen werden. Der Datensatz ist über GitHub[8] veröffentlicht. Die für die Erstellung des Datensatzes gewählten CT-Einstellungen sind in Tabelle 6-1 dargestellt und über alle Versuche (22 Wiederholversuche pro Parameterkombination) konstant gehalten.

[8] https://github.com/tmueller1/dataset-computed-tomography-scan

Tabelle 6-1 Konstante Einstellung der CT-Messung (FOD: Focus/Object Distance; FDD: Focus/Detector Distance; Sn: Zinn; CuZn: Kupfer-Zink)

		300 kV Röhre	450 kV Röhre
250 L	FOD	692,35 mm	1287,50 mm
	FDD	1101,49 mm	2035,31 mm
Vorfilter		1 mm Sn	6 mm CuZn
Belichtungszeit		500 ms	
Drehschritte		800	

6.1.2 Ultraschall-Messung

Der Untersuchungsgegenstand des zweiten für die Validierung ausgewählten Messprozesses ist ein robotergeführter Ultraschall-Freistrahlsensor, der über einen Stufenkeil geführt wird. Der Freistrahlsensor koppelt die Ultraschallsignale mit Hilfe eines kontinuierlich fließenden Wasserstrahls in das Bauteil ein. Gemessen wird im Impuls-Echo-Modus, d. h. die vom Bauteil reflektierten Schallsignale werden zur Bestimmung der Messgrößen verwendet. Gemessen wird die Dicke des Materials. Eine Prinzipskizze des Versuchsaufbaus ist in Abbildung 6-2 dargestellt. Der Stufenkeil besteht aus insgesamt zehn Stufen; vom Nennmaß $t_1 = 1mm$ bis zum Nennmaß von $t_{10} = 10mm$ (in 1mm-Schritten). Zur Vereinfachung der Darstellung sind nur die ersten drei Stufen des Stufenkeils in der Prinzipskizze abgebildet.

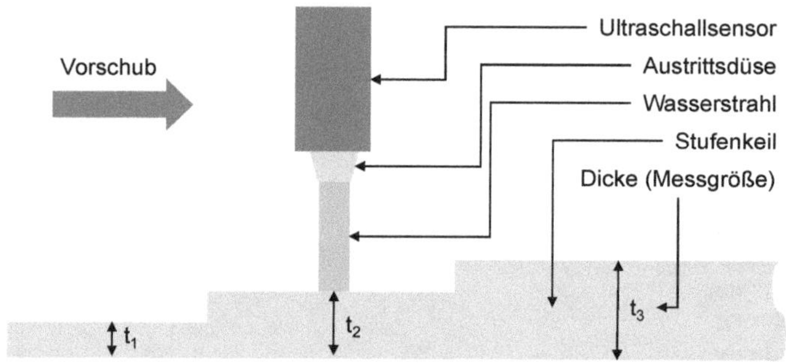

Abbildung 6-2 Versuchsaufbau der automatisierten Ultraschall-Dickenmessung

Die Impuls-Echo Ultraschallmessung nutzt die Reflektion des Ultraschallsignals an den Grenzflächen zweier Medien im Verhältnis ihrer Impedanzen (Schallwiderstände). Über die Bestimmung der Laufzeit (engl.: time of flight) zwischen dem Oberflächenecho und dem Rückwandecho kann die Dicke des Stufenkeils bestimmt werden (s. Abbildung 6-3). Je nach akustischen Bedingungen kann die Anzahl der Wiederholungsechos zwischen einem und 20 Echos variieren. Bei der Messung sind entsprechende Störsignale und Folgeechos jeweils rauszufiltern. (Benz 2002, S. 11–14)

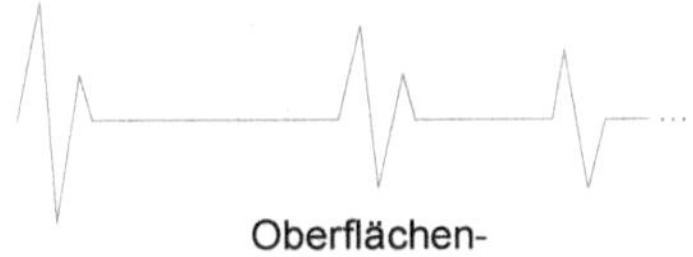

Abbildung 6-3 Funktionsweise der Wanddickenmessung mittels Ultraschall-Laufzeitverfahren (Vgl. (Benz 2002, S. 12))

Die Dicke (t_i) des Stufenkeils kann über die Verrechnung der Laufzeit des Ultraschallsignals im Werkstück (t_w) und der Schallgeschwindigkeit des Werkstücks (c_w) bestimmt werden (Benz 2002, S. 12):

$$t_i = c_w * \frac{t_w}{2}$$

Für die Untersuchung der Zusammenhänge innerhalb der Bestimmung der Bauteildicke (= Messgröße) mittels Ultraschallmessung wurden verschiedene Einflussgrößen über einen statistischen Versuchsplan variiert. Neben der absoluten (Soll-)Dicke des Bauteils, welche über die verschiedenen Stufen des Stufenkeils variiert wird, werden Hardware-seitig die Messdauer, der Abstand zwischen Austrittsdüse und Bauteil sowie der Volumenstrom des Wasserstrahls variiert. Abweichungen zwischen dem Sollwert und der Stufenangabe begründen sich in Fertigungsabweichungen des Stufenkeils und wurden über ein Koordinatenmessgerät quantifiziert. Da die Rohdaten des Ultraschallsignals für die Dickenbestimmung verarbeitet werden, sind auch entsprechende Einstellungen des Auswertealgorithmus variiert worden. Softwareseitig werden die Signalverstärkung, die Dämpfung, der Medianfilter und die Bandbreite variiert. Zusammenfassend ergeben sich folgende Einflussgrößen:

- Signalverstärkung
- Dämpfung
- Volumenstrom
- Abstand
- Medianfilter
- Bandbreite
- Messdauer
- Stufe/Solldicke

Bei der Versuchsdurchführung hat sich herausgestellt, dass gewisse Kombinationen zu keinen Messergebnissen führen. In diesem Fall war es für den Auswertealgorithmus nicht möglich eine Dicke zu bestimmen. Der Datensatz[9] wurde um entsprechende Datenzeilen bereinigt.

6.2 Anwendung des Verfahrens zur Modellbildung

Im Folgenden wird das in den Kapiteln 3 bis 5 beschriebene Verfahren zur Modellbildung von komplexen Messprozessen auf die beiden Messprozesse angewendet. Hierzu wird zunächst die Relevanz der in den Kapiteln 6.1.1 und 6.1.2 identifizierten Einflussgrößen bewertet. Anschließend wird in Kapitel 6.2.2 mittels Symbolischer Regression das jeweilige Modell der Messung gebildet und in Kapitel 6.2.3 validiert.

6.2.1 Relevanzbewertung der Einflussgrößen

Für beide aufgenommenen Messreihen werden die beiden identifizierten SBS-Wrapper-Methoden (lm und ANN) aus Kapitel 4 genutzt. Insgesamt werden jeweils fünf Durchläufe der FS-Methoden durchgeführt, um zufällige Effekte zu eliminieren. Die Ergebnisse sind in den nachfolgenden Tabelle 6-2 und Tabelle 6-3 dargestellt. Die Bewertung mit einer „0“ entspricht der Einstufung als nicht relevante Einflussgröße. Die Bewertung mit einer „1“ entspricht einer Bewertung als relevante Einflussgröße. Über den Modus wird ein Mehrheitsentscheid der beiden Algorithmen hergestellt.

Computertomographie-Messung

Tabelle 6-2 Relevanzbewertung der Einflüsse (CT-Messung)

Nr	Abstand		Röhre		Spannung		Leistung		Strom		Soll	
	lm	ANN	lm	ANN	lm	ANN	lm	ANN	lm	ANN	lm	ANN
1	1	1	1	0	1	1	0	1	1	0	1	0
2	1	0	1	0	1	1	0	0	0	1	1	1
3	1	1	1	0	1	1	0	0	0	1	1	0
4	1	1	0	0	1	1	0	0	1	1	1	0
5	1	0	0	1	1	1	1	0	0	1	1	1
Modus	**1**		**0**		**1**		**0**		**1**		**1**	

Aus der Relevanzbewertung ergibt sich, dass folgende Einflussgrößen als relevant angenommen werden können:

- Abstand (a)
- Spannung (U)
- Strom (I)
- Soll (d_s)

[9] Der Datensatz wurde unter: https://github.com/tmueller1/dataset-ultrasound veröffentlicht.

Die Ergebnisse lassen vermuten, dass der Zusammenhang zwischen Leistung, Strom und Spannung erkannt und die Leistung als redundante Information identifiziert wurde. Zudem scheint die Röhre im Anwendungsfall vollständig über den Strom und die Spannung charakterisiert zu sein, da kein eigenständiger Einfluss nachgewiesen werden konnte.

Ultraschall-Messung

Tabelle 6-3 Relevanzbewertung der Einflüsse (Ultraschall-Messung)

Nr	Signalv.		Dämpfung		Volumen		Abstand		Median		Bandbreite		Messdauer		Stufe	
	lm	ANN	lm	ANN	lm	ANN	lm	ANN	lm	ANN	lm	ANN	lm	ANN	lm	ANN
1	1	1	1	1	0	0	1	1	1	1	1	0	0	0	1	1
2	1	1	1	1	0	0	1	1	1	1	1	0	0	0	1	1
3	1	1	1	1	0	0	1	1	1	1	1	0	0	0	1	1
4	1	1	1	1	0	0	1	1	1	1	1	1	0	0	1	1
5	1	1	1	1	0	0	1	1	1	1	1	1	0	0	1	1
Modus	**1**		**1**		**0**		**1**		**1**		**1**		**0**		**1**	

Aus der Relevanzbewertung ergibt sich, dass folgende Einflussgrößen als relevant angenommen werden können:

- Signalverstärkung (G)
- Dämpfung (A)
- Abstand (a)
- Median (m)
- Bandbreite (B)
- Solldicke (S)

Die als relevant bewerteten Einflüsse werden für die Modellbildung in Kapitel 6.2.2 genutzt.

6.2.2 Modellbildung mittels Symbolischer Regression

Für die Modellbildung mittels Symbolischer Regression werden die in Kapitel 6.2.1 identifizierten Einflüsse verwendet. Es wird zunächst kein Erfahrungswissen integriert. Für beide Modellbildungen wird eine multikriterielle Optimierung in Verbindung mit einer Optimierung der Hyperparameter durchgeführt. Es werden jeweils 250 Generationen durchgeführt und eine Population von 400 genutzt.

Computertomographie-Messung

Für die Computertomographie-Messung hat sich folgendes Modell ergeben:

$$d = d_S + \frac{9.27}{U - 4d_S + \sqrt{p_1} - p_2 + \frac{I}{a}}$$

$$p_1 = 2U + \sqrt{d_S - \sqrt{U + \sqrt{I} - d_S} - \frac{\sqrt{I} - 4I + d_S + 6.78}{a - d_S}}$$

$$p_2 = \frac{-U + \sqrt{I} + I - 2d_S + \frac{a - 7I + 3d_S - 9.27}{a - d_S}}{\sqrt{-\sqrt{I} + d_S} - 4.56}$$

Die genutzten Hyperparameter, welche in der Hyperparameter-Optimierung identifiziert wurden, basieren auf Versuchen mit einer Generationenanzahl von 50 sowie einer Populationsgröße von 100 und lauten:

- Wahrscheinlichkeit (P) zur Mutation (M): $P(M) = 0{,}21$
- Wahrscheinlichkeit (P) zur Kreuzung (K): $P(K) = 0{,}86$
- Gewichtung (G) der Knotenanzahl (Z): $G(Z) = 0{,}0000002$

Ultraschall-Messung

Für die Ultraschall-Messung hat sich folgendes Modell ergeben:

$$t = \frac{S^2}{G + \frac{mp_1}{GS}(m + \frac{p_2}{S^3} + 0.12\sqrt{p_3} + 3.06 + 197.92\frac{A + 3.06}{(G + 1.20)(\frac{G^5}{S^5} + S\,)})} + S + \frac{8.08}{Gm}$$

$$p_1 = 0.01G^2S\frac{\frac{G^4}{S^4} + 8.08}{m(G + A)} + m$$

$$p_2 = 1.20B(\frac{1.20\sqrt{3}B}{S\sqrt{S\frac{G + A}{G}}} + 3.06)$$

$$p_3 = G + \frac{G + S + 0.56 + \sqrt{1 + 0.34\frac{-\sqrt{A} + S + 1}{\sqrt{S}}} + 0.72}{\sqrt{S}}$$

Die genutzten Hyperparameter, welche in der Hyperparameter-Optimierung identifiziert wurden, lauten:

- Wahrscheinlichkeit (P) zur Mutation (M): $P(M) = 0{,}27$
- Wahrscheinlichkeit (P) zur Kreuzung (K): $P(K) = 0{,}78$
- Gewichtung (G) der Knotenanzahl (Z): $G(Z) = 0{,}0000004$

6.2.3 Modellvalidierung

Die beiden in Kapitel 6.2.2 erstellten Modelle werden über das entwickelte Verfahren zur Modellvalidierung validiert. Gemäß des in Kapitel 3 erstellten Verfahrens, werden die Daten zunächst hinsichtlich etwaiger Ausreißer getestet. Hierfür wird ein entsprechendes Konfidenzniveau von 95% festgelegt. Als Ergebnis des Grubbs-Tests konnte kein Ausreißer festgestellt werden. Die Datensätze können somit vollständig für die Validierung genutzt werden.

In Abbildung 6-4 und Abbildung 6-5 ist jeweils die graphische Aufbereitung der Validierung dargestellt.

Computertomographie-Messung

Die Auswertung des gebildeten Modells zu der CT-Messung ergibt eine vollständige Validität des Modells auf dem gesamten Wertebereich der Messung zu einem Konfidenzniveau von $1 - \alpha = 99\%$. In Abbildung 6-4 ist zu erkennen, dass das Konfidenzintervall der Realdaten („confidence band (prediction)") vollständig innerhalb des Konfidenzintervalls des Idealzusammenhangs („confidence band (ideal)") liegt. Die Modellbildung zur Messunsicherheitsbestimmung kann somit als abgeschlossen angesehen werden. Im nächsten Schritt würde gemäß dem Vorgehen der VDI/VDE 2600-2 die Bestimmung der Messunsicherheit nach GUM folgen. Die Bestimmung der Messunsicherheit selbst ist jedoch nicht mehr Bestandteil der vorliegenden Forschungsarbeit.

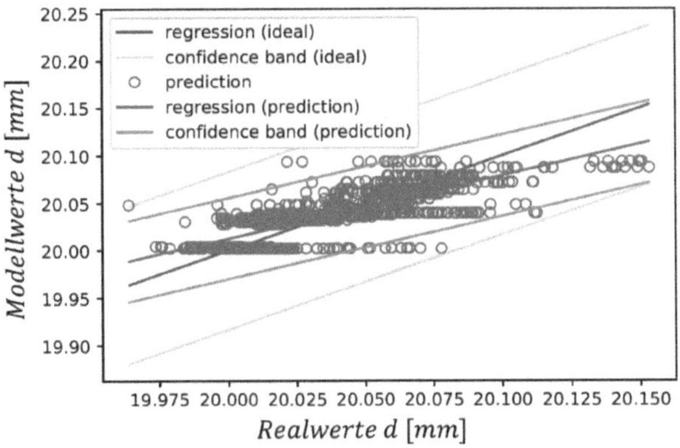

Abbildung 6-4 Modellvalidierung auf Basis der CT-Daten ($\alpha = 0,003$)

Ultraschall-Messung

Die Auswertung des gebildeten Modells zu der Ultraschall-Messung ergibt, dass die Validität auf keinem Wertebereich der untersuchten Messgröße nachgewiesen werden kann (s. Abbildung 6-5). Die Streuung ist so groß, dass das Konfidenzintervall des Realzusammenhangs auf dem gesamten Wertebereich breiter ist als das Konfidenzintervall des Idealzusammenhangs.

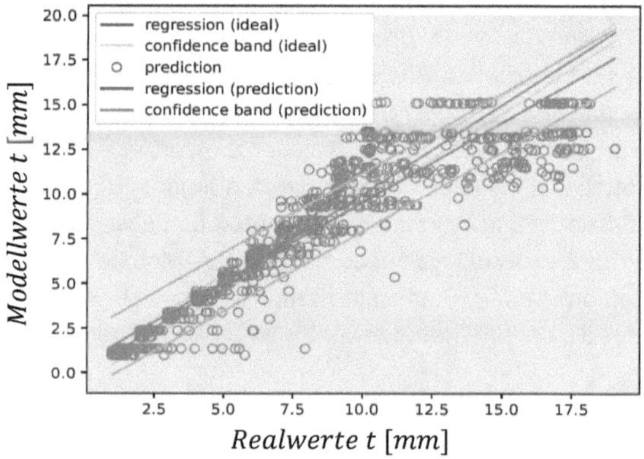

Abbildung 6-5 Modellvalidierung auf Basis der Ultraschalldaten ($\alpha = 0,1$; grau: keine Validität)

Eine (Teil-)Validität (ca. 25% des Wertebereichs) kann erst ab einem Konfidenzniveau von ca. $\alpha = 0{,}6$ angenommen werden (s. Abbildung 6-6).

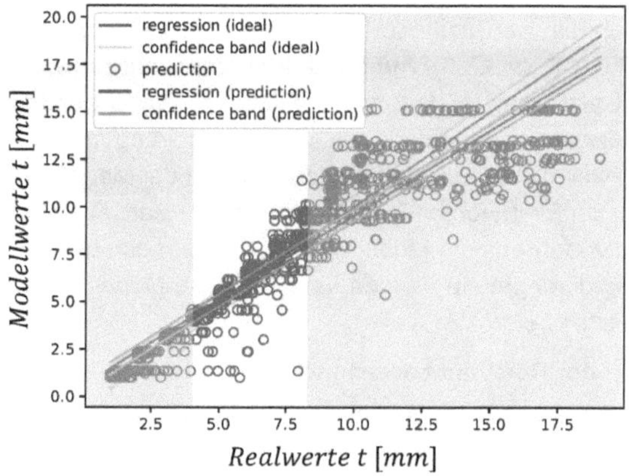

Abbildung 6-6 Modellvalidierung auf Basis der Ultraschalldaten ($\alpha = 0,6$; in grau: keine Validität)

Die weiterführende Analyse der Validierung zeigt, dass die jeweiligen Regressionsgeraden des Real- und des Idealzusammenhangs eine ähnliche Steigung haben und die nicht nachweisbare Validität vor allem in der zu großen Streuung begründet ist. Selbst bei einem im Vergleich zur CT-Messung niedrigeren Konfidenzniveau von $1 - \alpha = 90\%$ ist die resultierende Streuung zu groß, um eine Validität annehmen zu können. Ein Konfidenzniveau von $1 - \alpha = 0{,}4$ führt zwar zu einer Teilvalidität, ist jedoch aufgrund des sehr hohen Risikos in der Anwendung kritisch zu hinterfragen. Die ähnliche Steigung der Regressionsgeraden und die (zu) große Streuung kann als Indiz angesehen werden, dass nicht alle relevanten Einflussgrößen betrachtet wurden. In Kapitel

6.3.1, der Evaluierung der Relevanzbewertung ist somit zu überprüfen, ob die nicht betrachteten Einflussgrößen u. U. doch einen Einfluss haben. Eine solche Überprüfung ist nur in diesem speziellen Anwendungsfall der vorliegenden Forschungsarbeit notwendig, da die Validität der Relevanzbewertung noch nicht zwingend angenommen werden kann. Wenn die Validität der Relevanzbewertung nachgewiesen werden konnte und die ausgeschlossenen Einflussgrößen keinen Effekt auf die Modellgüte haben, wurden in Kapitel 6.1.2 nicht alle relevanten Einflüsse identifiziert und für das weitere Vorgehen, ist der Schritt erneut durchzuführen. Methoden, die bei der erneuten Untersuchung der *möglichen* Einflussgrößen hilfreich sein könnten, sind u. a. ein Brainstorming oder die Delphi-Methode.

6.3 Evaluation der Validierungsergebnisse

Die Hauptforschungsfrage gilt als positiv beantwortet und das in der Forschungsarbeit entwickelte Verfahren als validiert, wenn alle forschungsleitenden Fragen als positiv bewertet werden. Für die Beantwortung der forschungsleitenden Fragen sind die Versuchsergebnisse aus der Anwendung des entwickelten Verfahrens (Kapitel 6.2) und der damit verbundenen Teilschritte entsprechend zu evaluieren. Nachfolgend werden für die drei forschungsleitenden Fragen die jeweilige Methode der Validierung vorgestellt, die Durchführung der Methode beschrieben und die Ergebnisse abschließend bewertet (Kapitel 6.3.1 bis 6.3.3). Aufgrund der Forschungsmethodik wurde das Verfahren zur Modellvalidierung (erste forschungsleitende Frage) zunächst allgemein entwickelt. Die Entwicklung der Methode zur Modellvalidierung fand somit vor der Relevanzbewertung (zweite forschungsleitende Frage) und der Modellbildung mittels Symbolischer Regression (dritte forschungsleitende Frage) statt. Da jedoch in der Anwendung des Gesamtverfahrens die Modellvalidierung erst nach der Relevanzbewertung und Modellbildung durchgeführt werden kann, wird die Modellvalidierung auch in der Validierung als letztes betrachtet.

6.3.1 Evaluation der Relevanzbewertung

Ziel der Evaluation der Relevanzbewertung ist die Beantwortung der zweiten forschungsleitenden Frage:

Wie können der Modellierungsaufwand und Aufwand zur Messunsicherheitsbestimmung über eine Relevanzbewertung der Einflussgrößen reduziert werden?

Bevor der Modellierungsaufwand und der Aufwand zur Messunsicherheitsbestimmung bewertet werden können, müssen die Voraussetzungen nach GUM erfüllt werden. Gemäß GUM sind alle relevanten Einflussgrößen im Modell der Messung zu berücksichtigen. Da bei den vorliegenden Realdaten, im Gegensatz zu Simulationsdaten, die Relevanz nicht objektiv bewertet werden kann, ist die Bewertung des Verfahrens nicht über die success-Metrik (vgl. Kapitel 4.2.2) möglich. Aus diesem Grund wird die Relevanzbewertung über die Güte der anschließenden Modellgleichung bewertet. Zum Vergleich werden für beide Messprozesse erneut Modelle erstellt. Dieses Mal werden alle zur Verfügung stehenden Einflussgrößen genutzt. Um die zufälligen Effekte der

Symbolischen Regression zur berücksichtigen, wird die Modellbildung insgesamt jeweils zehn Mal durchgeführt. Die Gegenüberstellung der Ergebnisse des durchschnittlichen Mittelwerts ($\emptyset RMSE$) sowie der Standardabweichung (s) ist in Tabelle 6-4 dargestellt. Über einen zweiseitigen t-Test können anschließend die Mittelwerte miteinander verglichen werden, um die statistische Signifikanz der Unterschiede zu bewerten. Für die Modellbildung werden die in Kapitel 6.2.2 identifizierten Hyperparameter sowie eine Populationsgröße von 400 und eine Generationsanzahl von 100 genutzt. Für den t-Test wird ein Signifikanzniveau von $\alpha = 5\ \%$ festgelegt.

Tabelle 6-4 Gegenüberstellung der Modellgüte mit Relevanzbewertung und ohne Relevanzbewertung

Messprozess	Mit Relevanzbewertung		ohne Relevanzbewertung	
	$\emptyset RMSE$	(s)	$\emptyset RMSE$	(s)
CT	0,0209	0,0017	0,0212	0,0009
Ultraschall	1,4057	0,0447	1,3793	0,0232

Die Auswertung des t-Tests ergibt einen p-Wert von $p = 0{,}5585$ für die CT-Modellbildung und einen p-Wert von $p = 0{,}1147$ für die Ultraschall-Modellbildung. Für beide Modelle kann somit zum gegebenen Signifikanzniveau kein statistisch signifikanter Unterschied nachgewiesen werden. Da es bei der Nicht-Berücksichtigung von relevanten Einflussgrößen zu einem signifikanten Unterschied in den Mittelwerten kommen muss (da relevante Zusammenhänge nicht berücksichtigt werden können), sind die Anforderungen des GUM erfüllt. Alle relevanten Einflüsse konnten zuverlässig identifiziert werden. Gleichzeitig konnten irrelevante Einflüsse und redundante Informationen identifiziert werden. Dies ermöglicht eine Reduzierung des Modellierungsaufwands sowie des Aufwands der späteren Bestimmung der Unsicherheitsbeiträge. Nimmt man vereinfachend an, dass alle Einflüsse den gleichen Modellierungsaufwand und Aufwand in der Messunsicherheitsbestimmung verursachen, konnte bei der CT-Messung eine Reduzierung jeweils um ca. 33 % und bei der Ultraschallmessung jeweils um 25 % des Aufwands erzielt werden.

Zusammenfassend konnte somit gezeigt werden, dass über FS-Methoden eine Relevanzbewertung durchgeführt werden kann. Durch eine Kombination der beiden SBS-Wrapper-Methoden konnte eine Reduktion des Aufwands in der Modellbildung sowie der Messunsicherheitsbestimmung erzielt werden. Unter den in Kapitel 2.1 und 4 beschriebenen Randbedingungen kann die zweite forschungsleitende Frage beantwortet und positiv bewertet werden.

6.3.2 Evaluation der Modellbildung (Symbolische Regression)

Ziel der Evaluation der Modellbildung mittels Symbolischer Regression ist die Beantwortung der dritten forschungsleitenden Frage:

Wie kann die Symbolische Regression als hybrider White Box Modellbildungsansatz für die automatisierte Modellbildung einer Messunsicherheitsbestimmung komplexer Messprozesse genutzt werden?

In den verschiedenen Untersuchungen in Kapitel 5 konnte gezeigt werden, dass prinzipiell eine Modellbildung mittels Symbolischer Regression automatisiert möglich ist. Da Modellbildungsalgorithmen jedoch in jedem Fall Modelle liefern, sofern die Voraussetzungen (u. a. Datenformat) gegeben sind, werden zur Beantwortung der Forschungsfrage die Modelle näher betrachtet. Hierfür wird zunächst eine qualitative Analysemethode zum Vergleich der Haupteffekte genutzt und anschließend die Ergebnisse des Modellvalidierungsverfahrens näher betrachtet.

Für valide Modelle gilt, dass sie die Realität hinreichend gut abbilden. Dies bedeutet auch, dass die entsprechenden (Haupt-)Effekte der einzelnen Einflussgrößen im Modell abgebildet werden können. Abbildung 6-7 zeigt die Gegenüberstellung der Haupteffekte der CT-Messung von den Realdaten (oben) und den erzeugten Modellwerten (unten). Es ist zu erkennen, dass der prinzipielle Verlauf der Haupteffekte vergleichbar ist. Der Verlauf beim Abstand und dem Sollwert (welcher insgesamt sehr ähnlich ist) wird durch das Modell nur mit einer leichten Überschätzung bei den jeweils größten Einstellungen abgebildet. Auch die deutlich komplexeren Verläufe der Haupteffekte von Spannung und Strom können abgebildet werden. Die größten Abweichungen treten bei geringen Spannungen und bei einer hohen Stromstärke auf. Aus der qualitativen Betrachtung der Haupteffekte kann das Ergebnis der Modellvalidierung bestätigt werden, dass das erstellte Modell der CT-Messung valide ist. Für eine detaillierte und quantifizierbare Aussage werden die Ergebnisse des entwickelten Validierungsverfahrens näher betrachtet.

Der Vergleich der Haupteffekte bei der Ultraschallmessung ist in Abbildung 6-8 dargestellt. Im Vergleich zur Ultraschallmessung ist auffällig, dass eine Einflussgröße (Soll; Soll-Dicke) einen deutlich größeren Effekt als die anderen Einflussgrößen hat. Da die Relevanzbewertung bereits validiert wurde, kann angenommen werden, dass die Effekte der Einflussgrößen signifikant sind. Der Vergleich zwischen den realen Messwerten und den Modellwerten zeigt, dass alle Effektrichtungen (mit Ausnahme des Abstands) und auch die Effektgrößen vergleichbar sind. Die große Anzahl an geringen Effekten und die kleine Anzahl an großen Effekten lässt jedoch vermuten, dass nicht alle relevanten Einflussgrößen erfasst wurden und somit für die Relevanzbewertung nicht zur Verfügung standen. Dies könnte der Grund für die negative Validitätsbewertung aus Kapitel 6.2.3 sein und ist im Folgenden näher zu untersuchen.

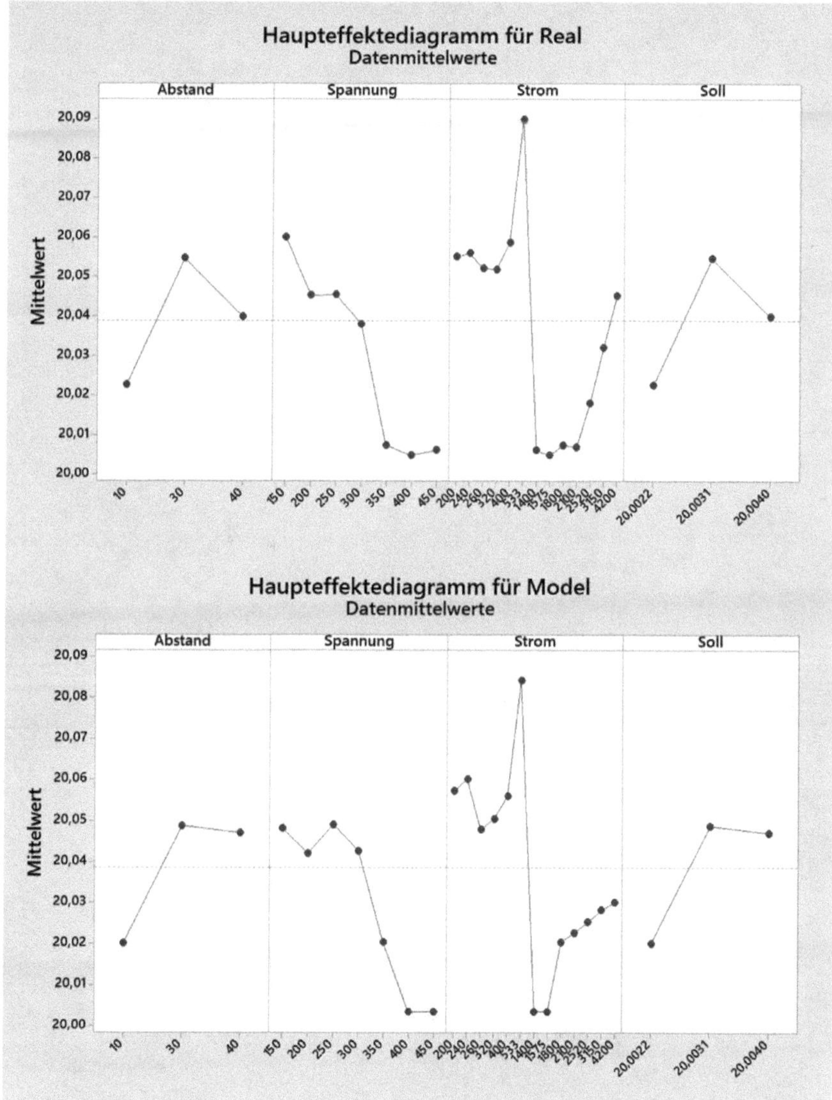

Abbildung 6-7 Vergleich der Haupteffekte von den Einflussgrößen der CT-Messung

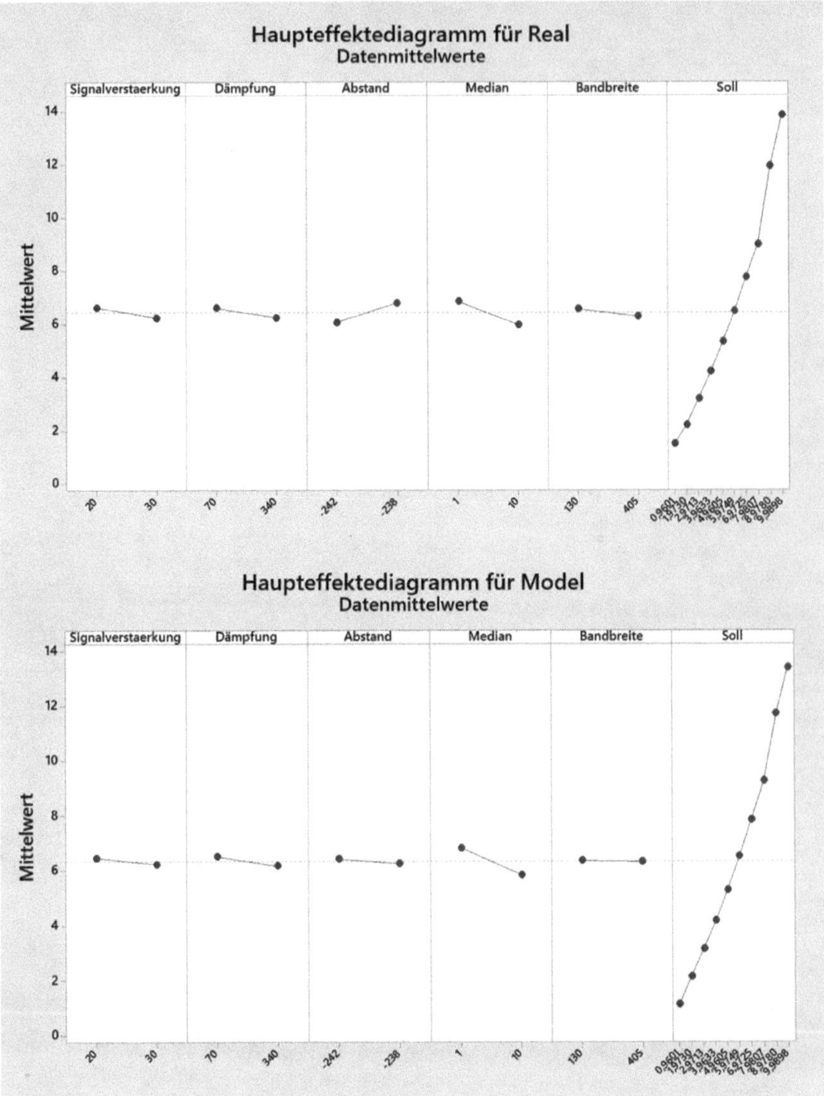

Abbildung 6-8 Vergleich der Haupteffekte von den Einflussgrößen der Ultraschall-Messung

Da die Verläufe der Haupteffektediagramme nur eine qualitative Aussage über die Validität der Modelle liefert, wird nachfolgend auf das entwickelte Validierungsverfahren zur messbereichsspezifischen Angabe der Validität eingegangen. Die Validität der Modelle konnte über das entwickelte Validierungsverfahren nur für einen Anwendungsfall (CT-Messung) nachgewiesen werden (Vgl. Kapitel 6.2.3). Für die Ultraschallmessung konnte die Validität nicht nachgewiesen werden. Sofern nachfolgend die Validität des Validierungsverfahrens nachgewiesen werden kann, gilt somit die dritte Forschungsfrage für den Anwendungsfall der CT-Messung als positiv beantwortet. Um dennoch eine allgemeine Beantwortung der Forschungsfrage zu ermöglichen, wird nachfolgend zunächst ein weiterer Anwendungsfall untersucht. Die Untersuchung ergänzt die Betrachtung der Haupteffekte und soll sicherstellen, dass die Symbolische Regression prinzipiell geeignet ist, um valide Modelle für die Messunsicherheitsbestimmung zu bilden. Für die Untersuchung wird die Modellbildung über die Symbolische Regression auf den Datensatz der in Kapitel 5.1 vorgestellten Messung des Brechungsindex von Meerwasser angewendet. Das Ergebnis der Validierung ist in Abbildung 6-9 dargestellt.

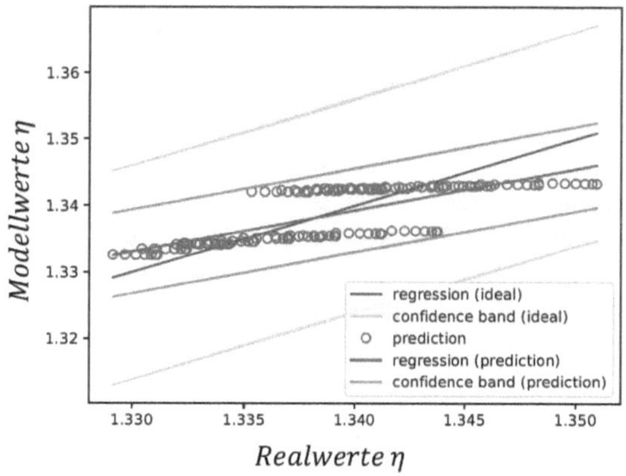

Abbildung 6-9 Modellvalidierung auf Basis der Daten aus (Quan und Fry 1995) zur Bestimmung des Brechungsindex von Meerwasser ($\alpha = 0,01$)

Die Abbildung zeigt, dass das Modell auf dem gesamten Wertebereich als valide angesehen werden kann. Für die Beantwortung der Forschungsfrage bedeutet das Ergebnis, dass die prinzipielle Eignung der Symbolischen Regression gegeben ist und die Ultraschallmessung selbst noch einmal näher zu betrachten ist.

Für die weitere Analyse des Ultraschalldatensatzes werden weitere Modellbildungsalgorithmen genutzt. Abbildung 6-10 zeigt die Ergebnisse einer multivariaten linearen Regression (links) als simplen Modellbildungsalgorithmus und die Ergebnisse eines neuronalen Netzes (rechts), welches nachgewiesener Weise auch komplexe Zusammenhänge abbilden kann. Für das neuronale Netz wurden folgende Einstellungen gewählt:

- Anzahl der hidden layer: 1
- Anzahl der Neuronen: 16
- Aktivierungsfunktion hidden layer: Sigmoid Funktion
- Aktivierungsfunktion output layer: linear
- Anzahl der Epochen: 100
- Batch size: 4

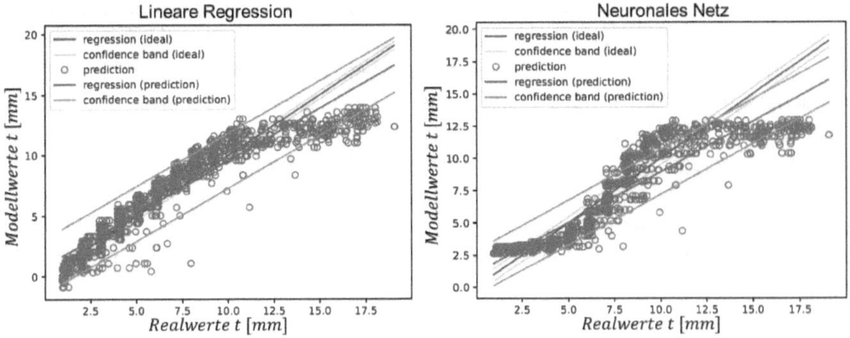

Abbildung 6-10 Modellvalidierung auf Basis der Ultraschalldaten mittels linearer Regression ($\alpha = 0,05$) und neuronalem Netz ($\alpha = 0,1$)

Es ist zu erkennen, dass keiner der alternativen Modellbildungsalgorithmen in der Lage ist, ein valides Modell zu bilden. Auch eine Veränderung des Konfidenzniveaus hat keinen relevanten Effekt auf die Validität. Bei beiden Modellbildungsalgorithmen ist zu erkennen, dass systematische Effekte nicht erkannt wurden. Dieser Schluss ist in den entsprechenden Mustern (Logarithmus-ähnliche Funktion bei der linearen Regression und der Sigmoid-ähnliche Funktion beim neuronalen Netz) begründet. Weiterhin ist zu erkennen, dass die Streuung der Modellergebnisse, unabhängig von den Abweichungen durch die systematischen Fehler (Muster) zu groß ist, um als valide zu gelten.

Aus der validierten Relevanzbewertung (Kapitel 6.3.1), des Vergleichs der Haupteffekte und der Anwendung weiterer Modellbildungsalgorithmen wird der Schluss gezogen, dass die nicht nachgewiesene Validität nicht in der Symbolischen Regression selbst, sondern in den Daten zur Ultraschallmessung begründet ist. Für weitere Analysen wäre eine erneute Ermittlung der *möglichen* Einflussgrößen durchzuführen. Methoden, die bei der Untersuchung der Einflussgrößen hilfreich sein könnten, sind u. a. ein Brainstorming oder die Delphi-Methode.

Zusammenfassend konnte gezeigt werden, dass die Symbolische Regression als hybrider White Box Modellbildungsansatz für die automatisierte Modellbildung einer Messunsicherheitsbestimmung komplexer Messprozesse genutzt werden kann und somit die forschungsleitende Frage positiv beantwortet werden kann. Als Voraussetzung für die Gültigkeit der Aussage, konnte in der Evaluation der Modellbildung festgestellt werden, dass in der im Vorfeld durchzuführenden Analyse des Messprozesses und der *möglichen* Einflussgrößen alle relevanten Einflussgrößen berücksichtigt werden. Sollten relevante Einflussgrößen nicht identifiziert worden sein, kann dies über eine zu große Streuung in der Abbildung zur Validierung ermittelt werden.

6.3.3 Evaluation der Modellvalidierung

Ziel der Evaluation der Modellvalidierung ist die Beantwortung der ersten forschungsleitenden Frage:

Wie kann die Validität zur Bewertung eines Modells der Messung messbereichsspezifisch quantifiziert werden?

Für die Validierung der Modellvalidierung wird auf verschiedene Verfahren zur Validierung nach SARGENT (Sargent 2010) genutzt, welche im nachfolgenden beschrieben, durchgeführt und bewertet wurden.

Extrem Condition Test:

Bei dem Extrem Condition Test wird das Verhalten des Verfahrens (oder Modells) bei extremen oder sehr unwahrscheinlichen Ereignissen analysiert. Der Output sollte auch bei Extremwerten plausibel sein.

In der Anwendung auf die entwickelte Modellvalidierung entspricht ein Extremwert einem Ausreißer in den Datenpunkten. Dieser kann entweder aufgrund einer Fehlfunktion in der Messung entstehen oder durch einen physikalischen Effekt hervorgerufen werden. Beide Effekte können durch Schritt 0 der Modellvalidierung abgefangen werden. Die Ausreißer werden zuverlässig identifiziert, da ein standardisierter und in diversen Literaturquellen validierten statistischer Test genutzt wird. Sollte der Ausreißer eliminiert werden, bleibt das Ergebnis unverändert und damit plausibel. Sollte der Ausreißer nicht eliminiert werden dürfen (z. B., weil keine Fehlfunktion nachgewiesen werden konnte), reagiert das Konfidenzintervall sensibel auf den Extremwert und kann zu einer nicht nachweisbaren Validität führen. Dies ist ebenfalls als plausibles Ergebnis zu interpretieren, da ein entsprechender physikalischer Effekt nicht im Modell berücksichtigt wurde und so die auf dem Modell aufbauende Messunsicherheitsbestimmung ebenfalls als nicht valide angenommen werden kann. Abbildung 6-11 zeigt den simulierten Fall eines Ausreißers bei der Messung des Brechungsindex von Meerwasser, welcher nicht durch eine Fehlfunktion des Messsystems hervorgerufen wurde und somit nicht in Schritt 0 des Modellvalidierungsverfahrens eliminiert werden darf. Es ist zu erkennen, dass das valide Modell aus Kapitel 6.3.2 nun nicht mehr auf dem gesamten Wertebereich valide ist ($\alpha = 0{,}01$). Der physikalische Effekt des Ausreißers kann nicht durch das Modell erklärt werden.

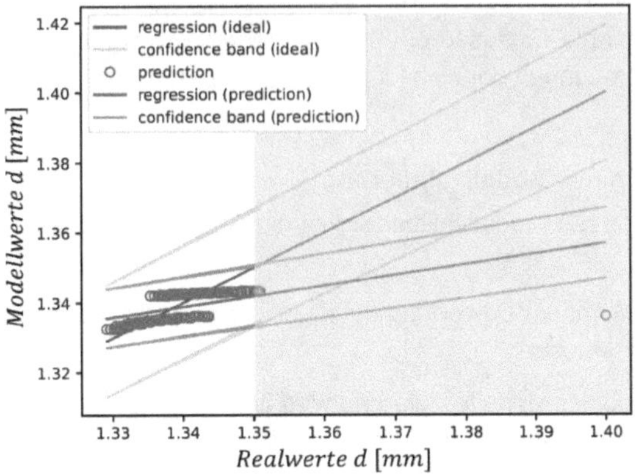

Abbildung 6-11 Modellvalidierung unter Berücksichtigung eines (simulierten) Ausreißers (grau: keine Validität)

Comparison to other Models:

Als zweite Validierungsmethode wird der Vergleich zu bestehenden Validierungsmethoden genutzt. Hierfür wird auf die Methode der Bewertung der Modellgüte mittels Fehlerindex (vgl. Kapitel 2.2.7) zurückgegriffen. Als Fehlerindex wird der RMSE gewählt. Im Folgenden werden die Ergebnisse der Modellvalidierung mit den Ergebnissen des RMSE verglichen.

CT-Messung

Für die CT-Messung konnte eine Validität auf dem gesamten Wertebereich der Messung nachgewiesen werden. Bestimmt man den RMSE auf dem Wertebereich, so ergibt sich als Ergebnis ein RMSE von 0,019. Dies entspricht 0,09% des Mittelwerts der Messgröße.

Ultraschall-Messung

Für die Ultraschall-Messung konnte keine Validität nachgewiesen werden. Bestimmt man den RMSE für den gesamten Wertebereich der Messung ergibt sich als RMSE ein Wert von 1,344. Dies entspricht ca. 20% des Mittelwerts der Messgröße.

Da aufgrund der Messungen und der korrespondierenden Modellbildungen nicht der Spezialfall der Teilvalidität abgedeckt ist, wird im Folgenden eine modifizierte Modellbildung der CT-Messung[10] genutzt. Die Validierung ist in Abbildung 6-12 dargestellt.

[10] Der Datensatz wurde so modifiziert, dass eine Teilvalidität erzeugt wurde. Eine inhaltliche Interpretation der Ergebnisse der Messung ist nicht möglich.

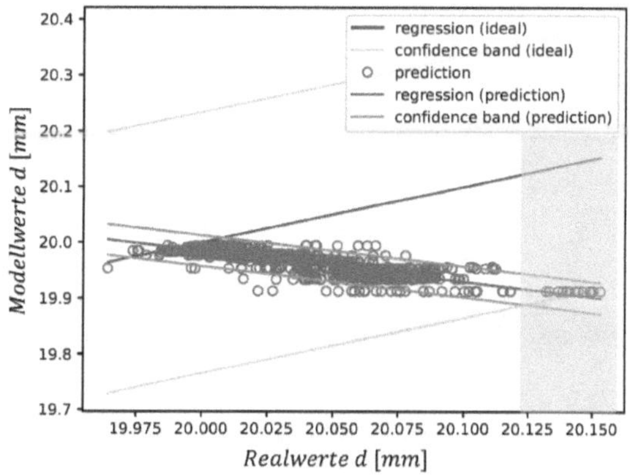

Abbildung 6-12 Beispielhafte Teilvalidität (grau: keine Validität)

Für den validen Teilbereich der Messung ergibt sich ein RMSE von 0,088. Für den nicht validen Teilbereich ergibt sich ein RMSE von 0,230. Der Modellfehler ist somit im Bereich des nicht validen Bereichs mehr als zweieinhalbfach so groß wie auf dem validen Bereich. Somit kann ein signifikanter Unterschied zwischen den Teilbereichen angenommen werden.

Der Vergleich zwischen den Methoden der entwickelten Modellvalidierung mit der etablierten Methode des Fehlerindex (RMSE), konnte einen weiteren Anhaltspunkt für den Nachweis der Validität der entwickelten Methode erbringen. Die Ergebnisse der drei Beispiele zeigen für die Fälle der Validität, der nicht-Validität und der Teilvalidität gleiche Aussagen. Insbesondere der Anwendungsfall der Teilvalidität konnte den Vorteil der entwickelten Modellvalidierung zeigen, da eine entsprechende Grenze der Validität durch die alleinige Bewertung der Modellgüte mittels RMSE nicht hätte bestimmt werden können.

Zusammenfassend konnte über die Methoden nach SARGENT aus (Sargent 2010) sowohl die interne Validität der Modellvalidierung über den Extrem Condition Test sowie die übergreifende Validität über den Vergleich mit bestehenden Methoden nachgewiesen werden. Die forschungsleitende Frage kann somit als positiv bewertet werden.

7 Fazit zur Anwendbarkeit der Forschungsergebnisse

In der Evaluation der Validierungsversuche konnten die drei forschungsleitenden Fragen zur Relevanzbewertung von Einflussgrößen, zur Modellbildung mittels Symbolischer Regression und zur messbereichsspezifischen Modellvalidierung beantwortet werden. Ziel des Fazits ist die Beantwortung der Hauptforschungsfrage:

Kann mittels Symbolischer Regression aufwandsarm ein valides White Box Modell der Messung für die Messunsicherheitsbestimmung komplexer Messprozesse erstellt werden?

Da die forschungsleitenden Fragen als positiv bewertet wurde, kann auch die Hauptforschungsfrage positiv bewertet werden. Die Validierung hat gezeigt, dass mittels Symbolischer Regression aufwandsarm ein White Box Modell der Messung für die Messunsicherheitsbestimmung komplexer Messprozesse erstellt werden konnte. In der Validierung selbst konnte gezeigt werden, dass die Relevanzbewertung zwar irrelevante Einflüsse identifizieren kann, aber keine relevanten Einflüsse hinzugefügt werden können. Fehlen in der Betrachtung des Messprozesses relevante Einflüsse, so kann dies zwar über die Modellvalidierung festgestellt werden, diese müssen aber im Nachgang manuell identifiziert und der Modellbildung hinzugefügt werden. Das Gesamtverfahren (Relevanzbewertung, Hyperparameteroptimierung, Modellbildung und Modellvalidierung) ist anschließend erneut durchzuführen.

Das Verfahren zur Modellbildung mittels Symbolischer Regression zur Messunsicherheitsbestimmung komplexer Messprozesse ist auf statische Messprozesse mit physikalischen Messgrößen ausgelegt und wurde für diese validiert. Für die Anwendung der Forschungsergebnisse auf weitere Anwendungsfälle der Modellbildung sind die entsprechenden Einschränkungen des holistischen Bezugsrahmens zu berücksichtigen. Gleiches gilt für die Anwendung der Teilergebnisse.

Für weitere Forschungsarbeiten und als Beratung der Praxis sei darauf hingewiesen, dass nicht alle Ergebnisse der Forschungsarbeit gleichermaßen von dem holistischen Bezugsrahmen beeinflusst wurden. So sind zwar u. a. die Beispieldatensätze zur Bewertung der FS-Algorithmen spezifisch für den Anwendungsfall der Modellbildung zur Messunsicherheitsbestimmung ausgelegt, das zweischrittige Verfahren zur Bewertung selbst ist jedoch allgemein anwendbar. Bei Bedarf kann das Verfahren oder die einzelnen Bestandteile (success-Metrik, Stabilität, Universalität und Komplexität) direkt für neue Anwendungsfälle genutzt werden. Alternativ können die Kriterien beliebig erweitert werden.

Die Erkenntnisse in Bezug auf die Anwendung der Symbolischen Regression sind hinsichtlich der Hyperparameteroptimierung lediglich innerhalb des holistischen Bezugsrahmens übertragbar. Die Verfahren zur Integration von Erfahrungswissen und zur multikriteriellen Optimierung hingegen, können auch für weiterführende Anwendungen der Symbolischen Regression genutzt werden.

Das Verfahren zur Validierung von Modellen kann ebenfalls allgemein anwendet werden. Die Gegenüberstellung von Realwerten und Modellwerten ist unabhängig von der Anwendung auf Modelle zur Bestimmung der Messunsicherheit komplexer Messprozesse und vom gewählten Modellbildungsalgorithmus. Denkbare Anwendungsfälle der Modellvalidierung sind z. B. Modelle zur Qualitätsvorhersage mittels neuronaler Netze.

8 Zusammenfassung und Ausblick

Die Bestimmung und damit die Kenntnis der Messunsicherheit stellt einen elementaren Bestandteil der Fertigungsmesstechnik dar. Nur mittels quantifizierter Messunsicherheit kann die Eignung von Messsystemen bestimmt und das Risiko von Fehlentscheidungen (bspw. in der Konformitätsprüfung von Produkten) angegeben werden. Grobe Abschätzungen der Messunsicherheit zur sicheren Seite führen dazu, dass Spezifikationsgrenzen häufig unnötig stark eingeschränkt werden und so steigende Produktionskosten verursachen. Gleichzeitig steigt aufgrund gestiegener Qualitätsanforderungen und wachsender Variantenvielfalt die Komplexität von Messsystemen und damit auch der Bestimmung der Messunsicherheit. Die vorliegende Forschungsarbeit hat diese Herausforderung analysiert und einen Lösungsansatz präsentiert. Im Folgenden werden die wichtigsten Erkenntnisse noch einmal zusammengefasst und es findet gemäß der Forschungsmethodik nach Ulrich eine Beratung der Praxis statt (Kapitel 8.1). Anschließend werden in Kapitel 8.2 die Grenzen der Forschungsarbeiten aufgezeigt und in einem Ausblick analysiert, welche weiteren/neuen Forschungsfragen sich aus den Ergebnissen ableiten lassen.

8.1 Zusammenfassung

Die Richtlinien-/Normen-konforme Bestimmung der Messunsicherheit basiert in der Regel auf der Beschreibung des Messprozesses, gefolgt von einer Identifizierung der (relevanten) Einflussgrößen, welche über ein (valides) Modell der Messung zu einer Messunsicherheit verrechnet werden. Die Ausgestaltung der einzelnen Schritte variiert je nach Richtlinie oder Norm. Vereinfachte Verfahren geben die betrachteten Einflüsse vor und nutzen ein lineares Modell der Messung, um die Messunsicherheit zu bestimmen. Insbesondere bei komplexen Messprozessen stellt das lineare Modell jedoch häufig eine zu starke Vereinfachung der Zusammenhänge dar. Aus diesem Grund findet bei komplexen Messprozessen vor allem die Messunsicherheitsbestimmung nach GUM Anwendung. Bei der Anwendung des GUM besteht jedoch die Herausforderung, dass sowohl die relevanten Einflüsse auf den Messprozess identifiziert als auch ein valides Modell der Messung gebildet werden muss. Sowohl für die Relevanzbewertung der Einflüsse als auch für die Modellbildung, bieten sich verschiedene Machine Learning Verfahren an. Für die Relevanzbewertung sind es vor allem Verfahren der Feature Selection, für die Modellbildung konnte die Symbolische Regression als hybrider White Box Modellierungsansatz identifiziert werden.

Ziel der Arbeit war daher die Erforschung eines auf der Symbolischen Regression basierenden Verfahrens zur Erstellung eines validen White Box Modells der Messung zur Messunsicherheitsbestimmung komplexer Messprozesse. Hierbei standen neben der Untersuchung verschiedener Feature Selection Methoden zur Relevanzbewertung von Einflussgrößen und der Ausgestaltung der Symbolischen Regression zur Erstellung des Modells der Messung auch die Quantifizierung der Validität im Fokus.

Als Grundlage für die Modellbildung wurden in Kapitel 4 zunächst die Einflussgrößen untersucht. Über die Relevanzbewertung wird sicherhergestellt, dass die ausgewählten Einflussgrößen einen signifikanten Beitrag am funktionellen Zusammenhang haben. Die Integration der Relevanzbewertung in ein Verfahren zur Modellbildung ist deshalb von Bedeutung, weil die Integration von irrelevanten Einflussgrößen zu einem Mehraufwand in der Modellbildung, als auch in der späteren Quantifizierung der Unsicherheitsbeiträge zur Bestimmung der kombinierten Messunsicherheit führt. In der Forschungsarbeit wurden 16 für komplexe Messprozesse repräsentative Beispieldatensätze über Simulationen erzeugt (Kapitel 4.2.1). Auf diese Beispieldatensätze wurden dann neun verschiedene Feature Selection Algorithmen angewendet und mittels neu entwickeltem Bewertungsverfahren evaluiert (Kapitel 4.3). Eine Kombination aus zwei Feature Selection Algorithmen stellte sich als geeignete Relevanzbewertung für die Modellbildung komplexer Messprozesse heraus.

Für die Modellbildung selbst, wurde in Kapitel 5 die Symbolische Regression näher betrachtet. Es wurde zunächst die Integration von Erfahrungswissen als Grundlage einer hybriden Modellbildung untersucht (Kapitel 5.1). Hierbei konnte nachgewiesen werden, dass, erstens, die Integration prinzipiell möglich ist. Zweitens konnte nachgewiesen werden, dass die Integration von Erfahrungswissen zu einer besseren Modellgüte führt und das endgültige Modell früher ermittelt werden konnte. In den Versuchen konnte Erfahrungswissen mit einem Effekt von >1% auf das Ergebnis integriert werden. Erfahrungswissen in Form von Teilmodellen mit einem Effekt von <1% auf das Ergebnis wurde im Modell nicht berücksichtigt. Abschließend konnte gezeigt werden, dass falsches Erfahrungswissen nicht integriert wird. Weiterhin wurde eine Möglichkeit zur Reduzierung des Bloating-Effekts über die multikriterielle Optimierung entwickelt (Kapitel 5.2). Über die Berücksichtigung der Länge der Modellgleichung in der Optimierung konnte die Länge bei (mindestens) gleichbleibender Modellgüte reduziert werden. Dies ermöglicht eine einfachere Interpretation der Zusammenhänge und eine Reduzierung des Rechenaufwands innerhalb der Symbolischen Regression. Über die Untersuchung verschiedener Verfahren zur Hyperparameteroptimierungen konnte abschließend ein Algorithmus identifiziert werden, welcher die a priori vorzunehmenden Einstellung der Symbolischen Regression optimiert und so die besten Voraussetzungen für die Bildung eines validen Modells ermöglicht (Kapitel 5.3).

Um die Validität des Modells zu bewerten, ist ein weiteres Verfahren notwendig. Hierbei besteht die Herausforderung, dass Versuchsreihen und Modellbildungen bei komplexen Messprozessen sehr aufwändig sind. Dementsprechend kann es vorteilhaft sein, detaillierte Informationen über die Validität des Modells in Teilbereichen des untersuchten Wertebereichs zu erhalten. In der Forschungsarbeit wurde in Kapitel 3 ein Regressions-basiertes Verfahren entwickelt, welches die Modellergebnisse mit realen Versuchsergebnissen gegenüberstellt und entsprechende Konfidenzintervalle miteinander vergleicht. Über den Abgleich der Konfidenzintervalle kann anschließend eine Aussage darüber getroffen werden, ob das Modell valide, teilweise valide (= valide auf einem bestimmten Teilbereich des Wertebereichs) oder nicht valide ist.

Das Ergebnis ist ein Verfahren zur White Box Modellbildung mittels Symbolischer Regression, welches insbesondere auf die Herausforderungen der Messunsicherheitsbestimmung komplexer Messprozesse ausgelegt ist. Über eine Relevanzbewertung mittels Kombination aus zwei Wrapper-Methoden, können irrelevante Einflussgrößen gefiltert und der Aufwand von Modellbildung und Messunsicherheitsbestimmung reduziert werden. Weiterhin kann die Validität des Modells messbereichsspezifisch über eine Gegenüberstellung von Modell- und Realdaten und einen Abgleich der Konfidenzintervalle ermittelt werden.

8.2 Ausblick

Die vorliegende Forschungsarbeit hat eine Möglichkeit für die Modellbildung komplexer Messprozesse aufgezeigt. Die Validität konnte für den beschriebenen holistischen Bezugsrahmen nachgewiesen werden. Eine entsprechende Übertragbarkeit auf Anwendungsfälle außerhalb des Bezugsrahmens ist zwar nicht ausgeschlossen, aber im Einzelfall zu prüfen. Mögliche zu untersuchende Anwendungsfälle wären zum einen dynamische Messprozesse. Für dynamische Messprozesse existieren aktuell keine weit verbreiteten Normen oder Richtlinien und Standardverfahren sind aufgrund der Zeitreihen nicht anwendbar. Vorarbeiten in dem Bereich der dynamischen Messprozesse sind unter anderem in den Arbeiten von Eichstädt et al. (Eichstädt et al. 2014; Eichstädt und Elster 2016; Eichstädt et al. 2017) zu finden. Die Verfahren sind jedoch hoch komplex und setzen in der Anwendung ein hohes Maß an Methodenwissen voraus. Durch den Wandel der Produktion und den dadurch resultierenden Anstieg an dynamischen (Mess-)Prozessen gewinnt die Thematik jedoch immer weiter an Relevanz. In weiteren Forschungsarbeiten könnte deshalb untersucht werden, inwiefern das vorliegende Verfahren zur Modellbildung statischer Messprozesse weiterentwickelt werden müsste, um auch auf dynamische Messprozess anwendbar zu sein und valide Modelle bilden zu können.

Aufgrund der steigenden Variantenvielfalt und Komplexität der Produkte steigt auch die Varianz und Komplexität der zu messenden Qualitätscharakteristiken. Dies führt dazu, dass auch immer mehr Modelle der Messungen benötigt werden, um die entsprechenden Messunsicherheiten bei der Messung von den Qualitätscharakteristiken valide abzubilden. Durch diesen erhöhten Modellbildungsaufwand steigen auch der Aufwand der Messunsicherheitsbestimmung und die damit verbundenen Kosten. Um diesem Effekt entgegenzuwirken, existieren Ansätze, Modelle oder zumindest einzelne Modellbestandteile und bestehendes Wissen zu übertragen. Erste Ansätze der Modell- und Wissensmigration bieten u. a. (Luo et al. 2015; Chan und Junghui 2019; Willard et al. 2020). Hierbei ist zu untersuchen, inwieweit die bestehenden Ansätze zur Modellmigration auch auf die Symbolische Regression, aber auch die Relevanz- und Validitätsbewertung übertragen werden können.

Ein drittes mögliches Forschungsfeld, welches auf den Ergebnissen dieser Forschungsarbeit aufbauen könnte, wäre die Modellierung kooperierender (dynamischer)

Messsysteme und die damit verbundene Datenfusion. Ein Beispiel für diesen Anwendungsfall ist die Flugzeugrumpfmontage. Der in (Huber et al. 2021) beschriebene Anwendungsfall zeigt, wie mittels linienloser Montage, die starre Linienproduktion in der Flugzeugbranche aufgebrochen werden kann. Grundlage hierfür ist die Kooperation von globaler und lokaler Messtechnik. Die Messunsicherheit und die damit verbundene Modellbildung sind auch in diesem Anwendungsfall ein elementarer Bestandteil der Qualitätssicherung. Um den Aufwand der Modellbildung und das notwendige Expertenwissen zu reduzieren, könnte untersucht werden, inwiefern die Modellbildung und die Datenfusion über die Symbolische Regression vereinfacht werden könnte.

9 Literaturverzeichnis

Ahmed, Hosameldin; Nandi, Asoke Kumar (2020): Condition monitoring with vibration signals. Compressive sampling and learning algorithms for rotating machines. 1. Aufl. Hoboken, NJ, USA: John Wiley & Sons, Inc.

AIAG (2010): Measurement systems analysis. Reference manual. 4. Aufl. Detroit: DaimlerChrysler; Ford Motor; General Motors.

Aldeia, G. S. I.; França, F. O. d. (2020): A Parametric Study of Interaction-Transformation Evolutionary Algorithm for Symbolic Regression. In: 2020 IEEE Congress on Evolutionary Computation (CEC). 2020 IEEE Congress on Evolutionary Computation (CEC), S. 1–8.

Alpaydin, Ethem (2010): Introduction to machine learning. 2. Aufl. Cambridge, Mass: MIT Press (Adaptive computation and machine learning). Online verfügbar unter http://search.ebscohost.com/login.aspx?direct=true&scope=site&db=nlebk&db=nlabk&AN=307676.

Augusto, D. A.; Barbosa, H.J.C. (2020): Symbolic regression via genetic programming. In: *Proceedings Sixth Brazilian Symposium on Neural Networks* (Vol 1), S. 173–178. DOI: 10.1109/sbrn.2000.889734.

Austin, Roswell W.; Halikas, George (1976): The Index of Refraction of Seawater. Fort Belvoir, VA: Defense Technical Information Center.

Bargheer, Margo; Schmidt (2015): Gute wissenschaftliche Praxis. DOI: 10.5281/zenodo.3760834.

Batista, Gustavo E. A. P. A.; Monard, Maria Carolina (2003): An analysis of four missing data treatment methods for supervised learning. In: *Applied Artificial Intelligence* 17 (5-6), S. 519–533. DOI: 10.1080/713827181.

Benz, Manfred (2002): Ultraschall zur Erfassung innerer Freiformgeometrien auf Werkzeugmaschinen. Zugl.: Aachen, Techn. Hochsch., Diss., 2002. Aachen: Shaker (Berichte aus der Produktionstechnik, 2002,19).

Bertsimas, Dimitris; Pawlowski, Colin; Zhuo, Ying Daisy (2018): From Predictive Methods to Missing Data Imputation: An Optimization Approach. In: *Journal of machine learning research* 18 (196), S. 1–39. Online verfügbar unter https://jmlr.org/papers/v18/17-073.html.

Bich, Walter; Cox, Maurice G.; Dybkaer, René; Elster, Clemens; Estler, W. Tyler; Hibbert, Brynn et al. (2012): Revision of the ' Guide to the Expression of Uncertainty in Measurement '. In: *Metrologia* 49 (6), S. 702–705. DOI: 10.1088/0026-1394/49/6/702.

Bolón-Canedo, Verónica; Alonso-Betanzos, Amparo (2018): Recent Advances in Ensembles for Feature Selection. Cham: Springer International Publishing (Intelligent Systems Reference Library, 147).

Bolón-Canedo, Verónica; Sánchez-Maroño, Noelia; Alonso-Betanzos, Amparo (2013): A review of feature selection methods on synthetic data. In: *Knowledge and Information Systems* 34 (3), S. 483–519. DOI: 10.1007/s10115-012-0487-8.

Brown, Gavin; Pocock, Adam; Zhao, Ming-Jie; Luján, Mikel (2012): Conditional likelihood maximisation: a unifying framework for information theoretic feature selection. In: *Journal of machine learning research* (13), S. 27–66. Online verfügbar unter https://www.jmlr.org/papers/volume13/brown12a/brown12a.pdf.

Browne (2000): Cross-Validation Methods. In: *Journal of Mathematical Psychology* 44 (1), S. 108–132. DOI: 10.1006/jmps.1999.1279.

Cai, Jie; Luo, Jiawei; Wang, Shulin; Yang, Sheng (2018): Feature selection in machine learning: A new perspective. In: *Neurocomputing* 300, S. 70–79. DOI: 10.1016/j.neucom.2017.11.077.

Cai, Weihua; Pacheco-Vega, Arturo; Sen, Mihir; Yang, K. T. (2006): Heat transfer correlations by symbolic regression. In: *International Journal of Heat and Mass Transfer* 49 (23-24), S. 4352–4359. DOI: 10.1016/j.ijheatmasstransfer.2006.04.029.

Castelli, Mauro; Manzoni, Luca; Silva, Sara; Vanneschi, Leonardo (2010): A comparison of the generalization ability of different genetic programming frameworks. In: IEEE Congress on Evolutionary Computation: IEEE.

Chai, T.; Draxler, R. R. (2014): Root mean square error (RMSE) or mean absolute error (MAE)? – Arguments against avoiding RMSE in the literature. In: *Geoscientific Model Development* 7 (3), S. 1247–1250. DOI: 10.5194/gmd-7-1247-2014.

Chan, Lester Lik Teck; Junghui, Chen (2019): Reducing Cost of Process Modeling through Multi-source Data Transfer Learning. In: *12th Asian Control Conference (ASCC). IEEE*, S. 474–479.

Chandrasekaran, S.; Pillai, G. Sankaran; Baskaran, R.; Venkatraman, B. (2020): Measurements of Natural Radionuclides by Gamma Spectrometry: Analytical and Numerical Approach with Uncertainty Evaluation. In: *Iranian Journal of Science and Technology, Transactions A: Science* 44 (4), S. 1241–1249. DOI: 10.1007/s40995-020-00925-0.

Chandrashekar, Girish; Sahin, Ferat (2014): A survey on feature selection methods. In: *Computers & Electrical Engineering* 40 (1), S. 16–28. DOI: 10.1016/j.compeleceng.2013.11.024.

Chen, Qi (2018): Improving the Generalisation of Genetic Programming for Symbolic Regression. Unter Mitarbeit von Mengjie Zhang und Bing Xue: Victoria University of Wellington. Online verfügbar unter http://researcharchive.vuw.ac.nz/handle/10063/7029.

Cramer, Erhard; Kamps, Udo (2017): Grundlagen der Wahrscheinlichkeitsrechnung und Statistik. Ein Skript für Studierende der Informatik, der Ingenieur- und Wirtschaftswissenschaften: Springer.

Crenna, Francesco; Rossi, Giovanni Battista (2020): Measurement uncertainty evaluation in biomechanical inverse dynamics analysis. In: *IEEE International Instrumentation and Measurement Technology Conference (I2MTC)*, S. 1–5. DOI: 10.1109/I2MTC43012.2020.9128954.

Daniel Berrar (2018): Cross-Validation. In: Reference Module in Life Sciences. Online verfügbar unter https://www.researchgate.net/profile/daniel-berrar/publication/324701535_cross-validation.

DIN EN ISO 14253-1:2018-07: Geometrische Produktspezifikationen (GPS) - Prüfung von Werkstücken und Messgeräten durch Messen. Teil 1: Entscheidungsregeln für den Nachweis von Konformität oder Nichtkonformität mit Spezifikationen (2018).

DIN EN ISO 15530-3: Geometrische Produktspezifikation und -prüfung (GPS) - Verfahren zur Ermittlung der Messunsicherheit von Koordinatenmessgeräten (KMG) - Teil 3: Anwendung von kalibrierten Werkstücken und Normalen (2012).

Eggensperger, K.; Feurer, M.; Hutter, F.; Bergstra, J.; Snoek, J.; Hoos, H.; Leyton-Brown, K. (2013): Towards an empirical foundation for assessing bayesian optimization of hyperparameters. Vol. 10, Nr. 3: NIPS workshop on Bayesian Optimization in Theory and Practice. Online verfügbar unter https://www.cs.ubc.ca/~hoos/publ/eggetal13.pdf.

Eggermont, Jeroen (2005): Data mining using genetic programming. Classification and symbolic regression. Leiden.

Eichstädt, Sascha (2012): Analysis of dynamic measurements. Evaluation of dynamic measurement uncertainty. Dissertation. Berlin. Online verfügbar unter https://www.ptb.de/cms/fileadmin/internet/fachabteilungen/abteilung_8/8.4_mathematische_modellierung/publikationen_8.4/842_dynamik_diss_eichstaedt.pdf.

Eichstädt, Sascha; Arendacké, Barbora; Link, Alfred; Elster, Clemens; Filtz, J.-R.; Larquier, B. et al. (2014): Evaluation of measurement uncertainty for time-dependent quantities. In: *EPJ Web of Conferences* 77 (10), S. 3. DOI: 10.1051/epjconf/20147700003.

Eichstädt, Sascha; Elster, Clemens (2016): Modellierung dynamischer Messsysteme – von stochastischen Prozessen zu praktikablen Messunsicherheiten. In: *tm - Technisches Messen* 83 (2), S. 66–70. DOI: 10.1515/teme-2015-0098.

Eichstädt, Sascha; Elster, Clemens; Smith, Ian M.; Esward, Trevor J. (2017): Evaluation of dynamic measurement uncertainty – an open-source software package to bridge theory and practice. In: *Journal of Sensors and Sensor Systems* 6 (1), S. 97–105. DOI: 10.5194/jsss-6-97-2017.

Ekanayake, Sarah Indu (2019): Messtechnische Charakterisierung von CFK-Schäden mittels optischer Lock-in Thermografie. 1. Auflage. Aachen: Apprimus Verlag (Fertigungsmesstechnik & Qualitätsmanagement, 2019, Band 1).

JCGM 104:2009, 2009: Evaluation of measurement data — An introduction to the “Guide to the expression of uncertainty in measurement” and related documents and related documents.

JCGM 100:2008, 2008: Evaluation of measurement data – Guide to the expression of uncertainty in measurement. Online verfügbar unter http://www.bipm.org/utils/common/documents/jcgm/JCGM_100_2008_E.pdf.

JCGM 101:2008, 2008: Evaluation of measurement data – Supplement 1 to the "Guide to the expression of uncertainty in measurement" – Propagation of distributions using a Monte Carlo method. Online verfügbar unter http://www.bipm.org/utils/common/documents/jcgm/JCGM_101_2008_E.pdf.

JCGM 102:2011, 2011: Evaluation of measurement data – Supplement 2 to the "Guide to the expression of uncertainty in measurement" – Extension to any number of output quantities. Online verfügbar unter http://www.bipm.org/utils/common/documents/jcgm/JCGM_102_2011_E.pdf.

Fahrmeir, Ludwig; Heumann, Christian; Künstler, Rita; Pigeot, Iris; Tutz, Gerhard (2016): Statistik. Der Weg zur Datenanalyse. 8., überarbeitete und ergänzte Auflage. Berlin, Heidelberg: Springer Spektrum (Springer-Lehrbuch).

Ferrero, Alessandro; Petri, Dario; Carbone, Paolo; Catelani, Marcantonio (Hg.) (2015): Modern measurements. Fundamentals and applications. Hoboken, New Jersey: IEEE Press Wiley.

Gan, Zhaohui; Chow, Tommy W.S.; Chau, W. N. (2009): Clone selection programming and its application to symbolic regression. In: *Expert Systems with Applications* 36 (2), S. 3996–4005. DOI: 10.1016/j.eswa.2008.02.030.

Ghosh, Manosij; Guha, Ritam; Sarkar, Ram; Abraham, Ajith (2020): A wrapper-filter feature selection technique based on ant colony optimization. In: *Neural Computing and Applications* 32 (12), S. 7839–7857. DOI: 10.1007/s00521-019-04171-3.

Grubbs, Frank E. (1950): Sample Criteria for Testing Outlying Observations. In: *The Annals of Mathematical Statistics* 21 (1), S. 27–58. DOI: 10.1214/aoms/1177729885.

JCGM GUM-6:2020, 2020: Guide to the expression of uncertainty in measurement – Part 6: Developing and using measurement models. Online verfügbar unter http://www.bipm.org/utils/common/documents/jcgm/JCGM_101_2008_E.pdf.

Guyon, Isabelle; Elisseeff, André (2003): An introduction to variable and feature selection. 3. Aufl. In: *Journal of machine learning research*, S. 1157–1182. Online verfügbar unter https://www.jmlr.org/papers/volume3/guyon03a/guyon03a.pdf?ref=driverlayer.com/web.

Haider, Christian; França, Fabricio Olivetti de; Burlacu, Bogdan; Kronberger, Gabriel (2021): Using Shape Constraints for Improving Symbolic Regression Models. Online verfügbar unter https://arxiv.org/pdf/2107.09458.

Hall, Mark A. (1999): Correlation-based feature selection for machine learning. Hamilton, NewZealand. Online verfügbar unter http://www.cs.waikato.ac.nz/~ml/publications/1999/99mh-thesis.pdf.

Hall, Mark A.; Smith, Lloyd A. (1999): Feature selection for machine learning: comparing a correlation-based filter approach to the wrapper. In: *FLAIRS conference*, 1999, S. 235–239. Online verfügbar unter https://www.aaai.org/library/flairs/1999/flairs99-042.php.

Hamidreza Rashidy Kanan; Karim Faez; Sayyed Mostafa Taheri: Feature Selection Using Ant Colony Optimization (ACO): A New Method and Comparative Study in the Application of Face Recognition System. In: Industrial conference on data mining, S. 63–76. Online verfügbar unter https://link.springer.com/chapter/10.1007/978-3-540-73435-2_6.

Heidenblut, Stefan; Kessel, Rüdiger; Sommer, Klaus-Dieter; Weckenmann, Albert (2007): Ein Modellbildungskonzept für die praxisgerechte Bestimmung der Messunsicherheit (A Modelling Concept for Practice-Oriented Evaluation of Measurement Uncertainty). In: *tm - Technisches Messen* 74 (10). DOI: 10.1524/teme.2007.74.10.494.

Hernandez, Alberto; Balasubramanian, Adarsh; Yuan, Fenglin; Mason, Simon A. M.; Mueller, Tim (2019): Fast, accurate, and transferable many-body interatomic potentials by symbolic regression. In: *npj Computational Materials* 5 (1), S. 1–11. DOI: 10.1038/s41524-019-0249-1.

Hernla, Michael (1996): Messunsicherheit und Fähigkeit. Eine Übersicht für die betriebliche Praxis. In: *QZ - Qualität und Zuverlässigkeit* (41), S. 1156–1162.

Huber, Meike; Nicksch, Christoph; Schmitt, Robert H. (2021): Messunsicherheit praxisgerecht bestimmen - Prüfprozesse in der industriellen Praxis 2021. 10. VDI-Fachtagung: der Weg zum sicheren Messen und Prüfen: Erfurt, 10. und 11. November 2021. Düsseldorf: VDI Verlag GmbH (VDI-Berichte, 2390).

Hude, Marlis von der (2020): Predictive Analytics und Data Mining. Wiesbaden: Springer Fachmedien Wiesbaden.

Ibrahim, Dyana Rashid; Ghnemat, Rawan; Hudaib, Amjad: Software Defect Prediction using Feature Selection and Random Forest Algorithm. In: International Conference on New Trends in Computing Sciences (ICTCS), S. 252–257.

Imkamp, Dietrich; Berthold, Jürgen; Heizmann, Michael; Kniel, Karin; Manske, Eberhard; Peterek, Martin et al. (2016): Challenges and trends in manufacturing measurement technology. The "Industrie 4.0" concept. In: *Journal of Sensors and Sensor Systems* 5 (2), S. 325–335. DOI: 10.5194/jsss-5-325-2016.

JCGM 200:2012, 2012: International Vocabulary of Metrology–Basic and General Concepts and Associated Terms.

ISO 22514-7: Statistical methods in process management: Capability and performance: Part 7: Capability of measurement processes (2012).

Janssen, Jürgen; Laatz, Wilfried (2017): Statistische Datenanalyse mit SPSS. Eine anwendungsorientierte Einführung in das Basissystem und das Modul Exakte Tests. 9., überarbeitete und erweiterte Auflage. Berlin, Heidelberg: Springer Gabler.

Jin, Ying; Fu, Weilin; Kang, Jian; Guo, Jiadong; Guo, Jian (2019): Bayesian Symbolic Regression. Online verfügbar unter https://arxiv.org/pdf/1910.08892.

Kagermann, H.; Lukas, W. D.; Wahlster, W. (2011): Industrie 4.0: Mit dem Internet der Dinge auf dem Weg zur 4. industriellen Revolution. In: *VDI Nachrichten* 2011, 2011 (Nr. 13), S. 2. Online verfügbar unter https://www.dfki.de/fileadmin/user_upload/dfki/medien/news_media/presse/presse-highlights/vdinach2011a13-ind4.0-internet-dinge.pdf.

Kais I. Al-Abdullah; H. Abdi; C. Lim; Wisam Yassin (2018): Force and temperature modelling of bone milling using artificial neural networks. In: *Measurement* (116), S. 25–37. Online verfügbar unter https://www.semanticscholar.org/paper/Force-and-temperature-modelling-of-bone-milling-Al-Abdullah-Abdi/ed74405727934b0bebbfb5b33bcd65859a503281.

Kashef, Shima; Nezamabadi-pour, Hossein (2015): An advanced ACO algorithm for feature subset selection. In: *Neurocomputing* 147, S. 271–279. DOI: 10.1016/j.neucom.2014.06.067.

Keferstein, Claus P.; Marxer, Michael; Bach, Carlo (2018): Fertigungsmesstechnik. Alles zu Messunsicherheit, konventioneller Messtechnik und Multisensorik. 9., überarbeitete und erweiterte Auflage. Wiesbaden: Springer Vieweg. Online verfügbar unter http://dx.doi.org/10.1007/978-3-658-17756-0.

Kira, Kenji; Rendell, Larry A. (2014): A Practical Approach to Feature Selection. In: Machine Learning (Hg.): Machine Learning Proceedings 1992. Proceedings of the Ninth International Workshop (ML92). 1. Aufl. s.l.: Elsevier Reference Monographs, S. 249–256.

Kleijnen, Jack P.C. (1995): Verification and validation of simulation models. In: *European Journal of Operational Research* 82 (1), S. 145–162. DOI: 10.1016/0377-2217(94)00016-6.

Kommenda, Michael; Burlacu, Bogdan; Kronberger, Gabriel; Affenzeller, Michael (2020): Parameter identification for symbolic regression using nonlinear least squares. In: *Genetic Programming and Evolvable Machines* 21 (3), S. 471–501. DOI: 10.1007/s10710-019-09371-3.

Kothari, C. R. (2004): Research methodology. Methods & techniques. 2nd rev. ed. New Delhi: New Age International (P) Ltd. Publishers.

Koza, JohnR. (1994): Genetic programming as a means for programming computers by natural selection. In: *Statistics and Computing* 4 (2), S. 87–112. DOI: 10.1007/BF00175355.

Krause, P.; Boyle, D. P.; Bäse, F. (2005): Comparison of different efficiency criteria for hydrological model assessment. In: Advances in Geosciences. Proceedings of the 8th Workshop for Large Scale Hydrological Modelling - Oppurg 2004 - 8th workshop for Large-scale hydrological modelling, Oppurg, Germany, 11–13 November 2004: Copernicus GmbH (5), S. 89–97. Online verfügbar unter https://adgeo.copernicus.org/articles/5/89/2005/.

Kronberger, Gabriel; Kommenda, Michael; Affenzeller, Michael (2011): Overfitting detection and adaptive covariant parsimony pressure for symbolic regression. In: *Proceedings of the 13th annual conference companion on Genetic and evolutionary computation*, S. 631–638. DOI: 10.1145/2001858.2002060.

Kuhn, M. (2020): caret: Classification and Regression Training. R package version 6.0-86.

Kuhn, M.; Wing, J.; Weston, S.; Williams, A.; Keefer, C.; Engelhardt, A.; Kenkel, B. (2020): caret: Classification and Regression Training. R package version 6.0-86.

Kunzmann, H.; Pfeifer, T.; Schmitt, R.; Schwenke, H.; Weckenmann, A. (2005): Productive Metrology - Adding Value to Manufacture. In: *CIRP Annals - Manufacturing Technology* 54 (2), S. 155–168. DOI: 10.1016/S0007-8506(07)60024-9.

Legates, David R.; McCabe, Gregory J. (1999): Evaluating the use of "goodness-of-fit" Measures in hydrologic and hydroclimatic model validation. In: *Water Resources Research* 35 (1), S. 233–241. DOI: 10.1029/1998WR900018.

Lehmann, Nico (2021): Qualifizierung digitaler Messprozesse. Aachen: Apprimus Verlag (Ergebnisse aus der Produktionstechnik).

Li, Jundong; Cheng, Kewei; Wang, Suhang; Morstatter, Fred; Trevino, Robert P.; Tang, Jiliang; Liu, Huan (2017a): Feature Selection. A Data Perspective. In: *ACM Computing Surveys* 50 (6), S. 1–45. DOI: 10.1145/3136625.

Li, Jundong; Liu, Huan (2017): Challenges of Feature Selection for Big Data Analytics. In: *IEEE Intelligent Systems* 32 (2), S. 9–15. DOI: 10.1109/mis.2017.38.

Li, Liam; Talwalkar, Ameet (2020): Random Search and Reproducibility for Neural Architecture Search. In: *Uncertainty in Artificial Intelligence*, S. 367–377. Online verfügbar unter http://proceedings.mlr.press/v115/li20c.html.

Li, Yun; Li, Tao; Liu, Huan (2017b): Recent advances in feature selection and its applications. In: *Knowledge and Information Systems* 53 (3), S. 551–577. DOI: 10.1007/s10115-017-1059-8.

Liashchynskyi, Petro; Liashchynskyi, Pavlo (2019): Grid Search, Random Search, Genetic Algorithm: A Big Comparison for NAS.

Lira, I. (1999): A Bayesian approach to the consumer's and producer's risks in measurement. In: *Metrologia* 36 (5), S. 397–402. DOI: 10.1088/0026-1394/36/5/1.

Liu, Chuan; Wang, Wenyong; Zhao, Qiang; Shen, Xiaoming; Konan, Martin (2017): A new feature selection method based on a validity index of feature subset. In: *Pattern Recognition Letters* 92, S. 1–8. DOI: 10.1016/j.patrec.2017.03.018.

Lu, Qiang; Ren, Jun; Wang, Zhiguang (2016): Using Genetic Programming with Prior Formula Knowledge to Solve Symbolic Regression Problem. In: *Computational Intelligence and Neuroscience* 2016, S. 1021378. DOI: 10.1155/2016/1021378.

Luo, Linkai; Yao, Yuan; Gao, Furong (2015): Bayesian improved model migration methodology for fast process modeling by incorporating prior information. In: *Chemical Engineering Science* 134, S. 23–35. DOI: 10.1016/j.ces.2015.04.045.

McNeil, Gomer T. (1977): Metrical Fundamentals of Underwater Lens System. In: *Optical Engineering* 16 (2), S. 128–139. DOI: 10.1117/12.7972089.

Morawski, Roman Z. (2013): An application-oriented mathematical meta-model of measurement. In: *Measurement* 46 (9), S. 3753–3765. DOI: 10.1016/j.measurement.2013.04.004.

Moriasi, D. N.; Arnold, J. G.; van Liew, M. W.; Bingner, R. L.; Harmel, R. D.; Veith, T. L. (2007): Model Evaluation Guidelines for Systematic Quantification of Accuracy in Watershed Simulations. In: *Transactions of the ASABE* 50 (3), S. 885–900. DOI: 10.13031/2013.23153.

Mueller, T.; Huber, M.; Schmitt, R. H. (2020): Modelling complex measurement processes for measurement uncertainty determination. In: *International Journal of Quality & Reliability Management*, S. 494–516. DOI: 10.1108/IJQRM-07-2019-0232.

Müller, Tobias; Voigtmann, Christoph; Schmitt, Robert H. (2019): Messunsicherheitsbestimmung komplexer Prüfprozesse. In: *ZWF* 114 (3), S. 124–127. DOI: 10.3139/104.112052.

Mwangi, Benson; Tian, Tian Siva; Soares, Jair C. (2014): A review of feature reduction techniques in neuroimaging. In: *Neuroinformatics* 12 (2), S. 229–244. DOI: 10.1007/s12021-013-9204-3.

Nogueira, Sarah; Sechidis, Konstantinos; Brown, Gavin (2018): On the stability of feature selection algorithms. In: *Journal of machine learning research* Volume 18, No. 174, 2018, S. 1–54. Online verfügbar unter https://www.jmlr.org/papers/volume18/17-514/17-514.pdf.

Orzechowski, Patryk; La Cava, William; Moore, Jason H. (2018): Where are we now? A large benchmark study of recent symbolic regression methods. New York, NY, USA. In: *Proceedings of the Genetic and Evolutionary Computation Conference*, S. 1183–1190. Online verfügbar unter https://doi.org/10.1145/3205455.3205539.

Peng, Hanchuan; Long, Fuhui; Ding, Chris (2005): Feature selection based on mutual information: criteria of max-dependency, max-relevance, and min-redundancy. In: *IEEE Transactions on Pattern Analysis and Machine Intelligence* 27 (8), S. 1226–1238. DOI: 10.1109/tpami.2005.159.

Petersen, Brenden K.; Larma, Mikel Landajuela; Mundhenk, T. Nathan; Santiago, Claudio P.; Kim, Soo K.; Kim, Joanne T. (2021): Deep symbolic regression: Recovering mathematical expressions from data via risk-seeking policy gradients. In: *International Conference on Learning Representations*.

Pfeifer, Tilo; Schmitt, Robert (2010): Fertigungsmesstechnik. 3., überarb. und erw. Aufl. München: Oldenbourg.

Possolo, Antonio (2013): Five examples of assessment and expression of measurement uncertainty. In: *Applied Stochastic Models in Business and Industry* 29 (1), S. 1–18. DOI: 10.1002/asmb.1947.

Quade, Markus; Abel, Markus; Shafi, Kamran; Niven, Robert K.; Noack, Bernd R. (2016): Prediction of dynamical systems by symbolic regression. In: *Physical review. E* (94), 1 -15. DOI: 10.1103/physreve.94.012214.

Quan, X.; Fry, E. S. (1995): Empirical equation for the index of refraction of seawater. In: *Applied Optics* 34 (18), S. 3477–3480. DOI: 10.1364/AO.34.003477.

Rebala, Gopinath; Ravi, Ajay; Churiwala, Sanjay (2019): An Introduction to Machine Learning. Cham: Springer International Publishing.

Reznik, Leon; Dabke, Kishor P. (2004): Measurement models: application of intelligent methods. In: *Measurement* 35 (1), S. 47–58. DOI: 10.1016/j.measurement.2003.08.020.

Robnik-Šikonja, Marko; Kononenko, Igor (2003): Theoretical and Empirical Analysis of ReliefF and RReliefF. In: *Machine Learning* 53 (1/2), S. 23–69. DOI: 10.1023/A:1025667309714.

Rossi, Giovanni B.; Crenna, Francesco; Palazzo, Alice (2018): A proposal for a new approach to the GUM. In: Discovering new horizons in instrumentation and measurement. I2MTC : 2018 IEEE International Instrumentation & Measurement Technology Conference : May 14-17, 2018, Royal Sonesta Hotel, Houston, Texas, USA : 2018 conference proceedings. 2018 IEEE International Instrumentation and Measurement Technology Conference (I2MTC). Houston, TX, 5/14/2018 - 5/17/2018. IEEE International Instrumentation & Measurement Technology Conference; Institute of Electrical and Electronics Engineers; IEEE Instrumentation and Measurement Society; I2MTC; I²MTC. Piscataway, NJ, USA: IEEE, S. 1–5.

Rossi, Giovanni Battista; Crenna, Francesco; Palazzo, Alice (2019): A Proposal for a More User-Oriented GUM. In: *IEEE Transactions on Instrumentation and Measurement* 68 (5), S. 1343–1352. DOI: 10.1109/tim.2019.2899183.

Samuel, A. L. (1959): Some Studies in Machine Learning Using the Game of Checkers. In: *IBM Journal of Research and Development* 3 (3), S. 535–554. DOI: 10.1147/rd.33.0210.

Sargent, R. G. (2012): Verification and validation of simulation models. In: *J Simulation* 7 (1), S. 12–24. DOI: 10.1057/jos.2012.20.

Sargent, Robert G. (2010): Verification and validation of simulation models. In: Simulation Conference (WSC), Proceedings of the 2010 Winter. Date, 5-8 Dec. 2010. Winter Simulation Conference; Institute of Electrical and Electronics Engineers. Piscataway, N.J.: IEEE.

Schmidt, Michael; Lipson, Hod (2009): Distilling Free-Form Natural Laws from Experimental Data. In: *Science* (324), S. 81–85.

Schmidt, Michael D.; Vallabhajosyula, Ravishankar R.; Jenkins, Jerry W.; Hood, Jonathan E.; Soni, Abhishek S.; Wikswo, John P.; Lipson, Hod (2011): Automated refinement and inference of analytical models for metabolic networks. In: *Physical Biology* 8 (5), S. 55011. DOI: 10.1088/1478-3975/8/5/055011.

Schmitt, Robert; Lose, Juliane (2011): Praxisanforderungen an das Prüfprozessmanagement. In: *QZ - Qualität und Zuverlässigkeit* 2011 (8), S. 28–31.

Shannon, C. E. (1948): A Mathematical Theory of Communication. In: *Bell System Technical Journal* 27 (4), S. 623–656. DOI: 10.1002/j.1538-7305.1948.tb00917.x.

Shmueli, Galit; Bruce, Peter C.; Gedeck, Peter; Patel, Nitin R. (2020): Data mining for business analytics. Concepts, techniques and applications in Python. Hoboken, NJ: John Wiley & Sons, Inc.

Silva, Sara Guilherme Oliveira (2008): Controlling bloat : individual and population based approaches in genetic programming. Dissertation. Universidad de coimbra. Online verfügbar unter https://estudogeral.uc.pt/handle/10316/8542.

Sommer, K. D.; Siebert, B. R. L. (2006): Systematic approach to the modelling of measurements for uncertainty evaluation. In: *Metrologia* 43 (4), 200-210. DOI: 10.1088/0026-1394/43/4/S06.

Sommer, Klaus-Dieter; Kühn, Olaf; León, Fernando Puente; Siebert, Bernd R.L. (2009): A Bayesian approach to information fusion for evaluating the measurement uncertainty. In: *Robotics and Autonomous Systems* 57 (3), S. 339–344. DOI: 10.1016/j.robot.2008.10.011.

Sousa, J. A.; Batista, E.; Pellegrino, O.; Ribeiro, A. S.; Martins, L. L. (2019): Method selection to evaluate measurement uncertainty in microflow applications. In: *Journal of Physics: Conference Series* 1379, S. 12033. DOI: 10.1088/1742-6596/1379/1/012033.

Stachowiak, Herbert (1973): Allgemeine Modelltheorie. Wien, New York: Springer-Verlag.

Stanislawska, Karolina; Krawiec, Krzysztof; Kundzewicz, Zbigniew W. (2012): Modeling global temperature changes with genetic programming. In: *Computers & Mathematics with Applications* 64 (12), S. 3717–3728. DOI: 10.1016/j.camwa.2012.02.049.

Sun, Sheng; Ouyang, Runhai; Zhang, Bochao; Zhang, Tong-Yi (2019): Data-driven discovery of formulas by symbolic regression. In: *MRS Bulletin* 44 (7), S. 559–564. DOI: 10.1557/mrs.2019.156.

Sylvester, Emma V. A.; Bentzen, Paul; Bradbury, Ian R.; Clément, Marie; Pearce, Jon; Horne, John; Beiko, Robert G. (2018): Applications of random forest feature selection for fine-scale genetic population assignment. In: *Evolutionary Applications* 11 (2), S. 153–165. DOI: 10.1111/eva.12524.

Taymanov, R.; Sapozhnikova, K. (2018): Metrology challenges of Industry 4.0. In: *Journal of Physics: Conference Series* 1065, S. 72044. DOI: 10.1088/1742-6596/1065/7/072044.

Tibshirani, Robert (1996): Regression Shrinkage and Selection Via the Lasso. In: *Journal of the Royal Statistical Society: Series B (Methodological)* 58 (1), S. 267–288. DOI: 10.1111/j.2517-6161.1996.tb02080.x.

Tibshirani, Robert (2011): Regression shrinkage and selection via the lasso: a retrospective. In: *Journal of the Royal Statistical Society: Series B (Statistical Methodology)* 73 (3), S. 273–282. DOI: 10.1111/j.1467-9868.2011.00771.x.

Trujillo, Leonardo; Naredo, Enrique; Martínez, Yuliana (2013): Preliminary Study of Bloat in Genetic Programming with Behavior-Based Search. In: EVOLVE - A Bridge between Probability, Set Oriented Numerics, and Evolutionary Computation IV: Springer, Heidelberg, S. 293–305. Online verfügbar unter https://link.springer.com/chapter/10.1007/978-3-319-01128-8_19.

Ulrich, Hans (1981): Die Betriebswirtschaftslehre als anwendungsorientierte Sozialwissenschaft. In: *Die Führung des Betriebes : Curt Sandig zu seinem 80. Geburtstag gewidmet.*

Urbanowicz, Ryan J.; Meeker, Melissa; La Cava, William; Olson, Randal S.; Moore, Jason H. (2018): Relief-based feature selection: Introduction and review. In: *Journal of biomedical informatics* 85, S. 189–203. DOI: 10.1016/j.jbi.2018.07.014.

VDA Band 5: Prüfprozesseignung (2010).

VDI/VDE 2600 Blatt 1: Prüfprozessmanagement - Identifizierung, Klassifizierung und Eignungsnachweise von Prüfprozessen (2013).

VDI/VDE 2600-2: Prüfprozessmanagement - Ermittlung der Messunsicherheit komplexer Messprozesse (2019).

Voigtmann, Christoph (2020): Modellierung des Risikos thermischer Verletzungen bei minimalinvasiven Eingriffen an der lateralen Schädelbasis. 1. Auflage. Aachen: Apprimus Verlag (Ergebnisse aus der Produktionstechnik).

Wang, Shenlong; Ding, Xiaohong; Zhu, Daye; Yu, Huijie; Wang, Haihua (2018): Measurement uncertainty evaluation in whiplash test model via neural network and support vector machine-based Monte Carlo method. In: *Measurement* 119, S. 229–245. DOI: 10.1016/j.measurement.2018.01.065.

Wang, Yiqun; Wagner, Nicholas; Rondinelli, James M. (2019): Symbolic regression in materials science: MRS Communications. Online verfügbar unter https://www.cambridge.org/core/journals/mrs-communications/article/symbolic-regression-in-materials-science/a5836f4af5e9395a9b27541c5042a7f3.

Weng, Baicheng; Song, Zhilong; Zhu, Rilong; Yan, Qingyu; Sun, Qingde; Grice, Corey G. et al. (2020): Simple descriptor derived from symbolic regression accelerating the discovery of new perovskite catalysts. In: *Nature Communications* 11 (1), S. 3513. DOI: 10.1038/s41467-020-17263-9.

Willard, J.; Jia, X.; Xu, S.; Steinbach, M.; Kumar, V. (2020): Integrating physics-based modeling with machine learning: A survey. Preprint arXiv:2003.04919, S. 1–34. Online verfügbar unter https://beiyulincs.github.io/teach/fall_2020/papers/xiaowei.pdf.

Willmott, C. J.; Matsuura, K. (2005): Advantages of the mean absolute error (MAE) over the root mean square error (RMSE) in assessing average model performance. In: *Climate Research* 30 (1), S. 79–82. DOI: 10.3354/cr030079.

Willmott, Cort J. (1981): ON THE VALIDATION OF MODELS. In: *Physical Geography* 2 (2), S. 184–194. DOI: 10.1080/02723646.1981.10642213.

Wuest, Thorsten; Weimer, Daniel; Irgens, Christopher; Thoben, Klaus-Dieter (2016): Machine learning in manufacturing: advantages, challenges, and applications. In: *Production & Manufacturing Research* 4 (1), S. 23–45. DOI: 10.1080/21693277.2016.1192517.

Yang, Li; Shami, Abdallah (2020): On hyperparameter optimization of machine learning algorithms: Theory and practice. In: *Neurocomputing* 415, S. 1–69. DOI: 10.1016/j.neucom.2020.07.061.

Yin, Huan; Chen, Runjian; Wang, Yue; Xiong, Rong (2021): RaLL: End-to-End Radar Localization on Lidar Map Using Differentiable Measurement Model. In: *IEEE Transactions on Intelligent Transportation Systems*, S. 1–14. DOI: 10.1109/tits.2021.3061165.

Ying, Xue (2019): An Overview of Overfitting and its Solutions. In: *Journal of Physics: Conference Series* 1168 (2), S. 22022. DOI: 10.1088/1742-6596/1168/2/022022.

Zhang, Su-Fang; Zhai, Jun-Hai; Tian, Shi; Zhou, Xiang; Li, Yan (2020): Feature Selection for Big Data Based on Mapreduce and Voting Mechanism. In: 2020 International Conference on Machine Learning and Cybernetics (ICMLC): IEEE.

Zhao, Zheng; Liu, Huan (2012): Spectral feature selection for data mining. Boca Raton, Fla.: CRC Press (Chapman & Hall/CRC data mining and knowledge discovery series). Online verfügbar unter https://www.taylorfrancis.com/books/9781439862100.

10 Eigene Veröffentlichungen

Mueller, T.; Huber, M.; Schmitt, R. H. (2020): Modelling complex measurement processes for measurement uncertainty determination. In: International Journal of Quality & Reliability Management, S. 494–516. DOI: 10.1108/IJQRM-07-2019-0232.

Mueller, T.; Segin; A., Weigand; C.; Schmitt, R.H. (2022): Feature selection for measurement models. In: International Journal of Quality & Reliability Management, Vol. ahead-of-print No. ahead-of-print. https://doi.org/10.1108/IJQRM-07-2021-0245

Müller, Tobias; Voigtmann, Christoph; Schmitt, Robert H. (2019): Messunsicherheitsbestimmung komplexer Prüfprozesse. In: ZWF 114 (3), S. 124–127. DOI: 10.3139/104.112052.

Müller, Tobias; Schmitt, Robert H. (2019): Eine Alternative zu klassischen Methoden: Messunsicherheitsbestimmung komplexer Messprozesse mittels Machine Learning. In: Qualität und Zuverlässigkeit (12), S. 50–53.

Mueller, Tobias; Greipel, Jonathan; Weber, Tobias; Schmitt, Robert H. (2018): Automated root cause analysis of non-conformities with machine learning algorithms. In: Journal of Machine Engineering 18 (4), S. 60–72. DOI: 10.5604/01.3001.0012.7633.

Müller, T.; Kiesel, R.; Schmitt, R. H. (2018): Automated and Predictive Risk Assessment in Modern Manufacturing Based on Machine Learning. Cham: Springer International Publishing (Proceedings of the 8th Congress of the German Academic Association for Production Technology (WGP), Advances in Production Research). DOI: 10.1007/978-3-030-03451-1_10

Müller, T.; Greipel, J.; Schmitt, R. H. (2019): Adaptive Prüfplanung: Die neue Richtlinie VDI/VDE 2600-3 als Leitfaden für die Industrie. Messunsicherheit - Prüfprozesse: Erfurt, 13. u. 14. Nov. 2019 / 9. VDI-Fachtagung Messunsicherheit 2019, 4. VDI-Fachtagung Prüfprozesse in der industriellen Praxis 2019; VDI-VDE Mess- und Automatisierungstechnik, Seiten/Artikel-Nr: 257-270

11 Betreute Abschlussarbeiten des Autors

11.1 Seminar- und Projektarbeiten

Caparroz de Böhne, Natalia; Haber, Amelie: Automatisierte Modellbildung zur aufwandsreduzierte Messunsicherheitsbestimmung für komplexe Messprozesse mittels Machine Learning, 2019

Hofmann, Sebastian: Feature Selection zur Relevanzbewertung von Modellparametern für die Messunsicherheitsbestimmung bei komplexen Messprozessen, 2019

Belunjak, Jan-Niklas: Bootstrapping zur Erweiterung von Datengrundlagen für Modellbildungen mittels Machine Learning, 2019

11.2 Bachelorarbeiten

Jung, Daniel: Ermittlung der Messunsicherheit des Messsystems der Wuchtbänke für Triebwerksbauteile, 2017

Fleischer, Dennis: Risikoanalyse in der Montage – die RPZ und ihre Alternativen zu Zeiten von Industrie 4.0, 2017

Conte, Antonio: Investigation of modelling procedures in the determination of measurement uncertainty of complex measurement processes, 2019

Wei, Shijia: Komparative Analyse von Modellbildungsalgorithmen zur Messunsicherheitsbestimmung am Beispiel der Thermographie, 2019

Belunjak, Jan-Niklas: Symbolische Regression, 2021

Chen, Liguo: Modeling of complex measurement processes using machine learning, 2021

11.3 Masterarbeiten

Adam, Tobias: Risikoanalyse in der vernetzten Produktion, 2017

Segin, Alexander: Relevanzbewertung von Einflussfaktoren für die experimentelle Modellbildung mittels Feature Selection, 2021

12 Anhang

12.1 Anhang A1: Variablensatz

V01	N(7; 0,4)	
V02	N(20; 1)	
V03	N(1,2; 0,11)	[LEV1]
V04	Bin(10; 0,1)	
V05	N(1,5; 0,09) [*V01]	[RED1]
V06	KAT(M1, M2, M3; 0,6, 0,3, 0,1)	
V07	G(2; 4)	
V08	N(8; 0,6)	[LEV2]
V09	N(3,2; 0,7)	[RED2]
V10	Bin(12; 0,5)	
V11	G(1; 7)	
V12	N(0,8; 0,1)	[LEV3]
V13	N(15; 2)	[LEV4]
V14	G(7; 10)	
V15	KAT(nein, ja; 0,4, 0,6)	
V16	N(5; 0,03) [*V14]	[RED3]
V17	G(0; 1)	
V18	N(7; 0,8)	
V19	Bin(15; 0,5)	
V20	G(10; 15)	[RED4]

LEV

1	N(1,2; 0,11)
2	N(1; 0,2)
3	N(0,8; 0,1)
4	G(0,4; 1)

RED

1	N(1,5; 0,09) [*V01]
2	N(3; 0,1) [*V02]
3	N(5; 0,03) [*V14]
4	N(2,2; 0,12) [*V19]

12.2 Anhang A2: Datensatz zum Brechungsindex von Meerwasser

Tabelle 12-1 Experimentaldatensatz der Bestimmung des Brechungsindex von Meerwasser aus (Quan und Fry 1995)

$\lambda[nm]$	$S(‰)$	Temperatur [°C]						
		1,0	**5,0**	**10,0**	**15,0**	**20,0**	**25,0**	**30,0**
404,7	0,0	1,34375	1,34368	1,34348	1,34316	1,34274	1,34224	1,34166
	34,998	1,35093	1,35072	1,35040	1,34999	1,34950	1,34894	1,34831
435,8	0,0	1,34121	1,34114	1,34094	1,34062	1,34021	1,33971	1,33913
	34,998	1,34831	1,34811	1,34778	1,34736	1,34688	1,34632	1,34569
467,8	0,0	1,33913	1,33906	1,33886	1,33854	1,33813	1,33764	1,33706
	34,998	1,34615	1,34596	1,34563	1,34520	1,34471	1,34416	1,34355
480	0,0	1,33844	1,33837	1,33817	1,33786	1,33745	1,33695	1,33638
	34,998	1,34544	1,34525	1,34492	1,34450	1,34401	1,34345	1,34284
508,5	0,0	1,33701	1,33694	1,33674	1,33644	1,33603	1,33554	1,33497
	34,998	1,34397	1,34378	1,34344	1,34302	1,34253	1,34199	1,34138
546,1	0,0	1,33544	1,33537	1,33518	1,33487	1,33447	1,33398	1,33341
	34,998	1,34235	1,34215	1,34183	1,34140	1,34092	1,34037	1,33977
577,0	0,0	1,33434	1,33428	1,33408	1,33378	1,33338	1,33289	1,33233
	34,998	1,34122	1,34104	1,34070	1,34028	1,33979	1,33924	1,33865
579,1	0,0	1,33427	1,33421	1,33402	1,33371	1,33331	1,33282	1,33226
	34,998	1,34115	1,34097	1,34064	1,34021	1,33972	1,33917	1,33858
589,3	0,0	1,33395	1,33388	1,33369	1,33339	1,33299	1,33250	1,33194
	34,998	1,34081	1,34063	1,34030	1,33987	1,33938	1,33883	1,33824
643,8	0,0	1,33241	1,33234	1,33215	1,33186	1,33146	1,33098	1,33042
	34,998	1,33924	1,33905	1,33872	1,33830	1,33781	1,33726	1,33666
700,0	0,0	1,33109	1,33103	1,33084	1,33055	1,33016	1,32968	1,32913
	34,998	1,33788	1,33771	1,33738	1,33695	1,33644	1,33591	1,33532

12.3 Anhang A3: Technische Zeichnung zum CT-Versuch

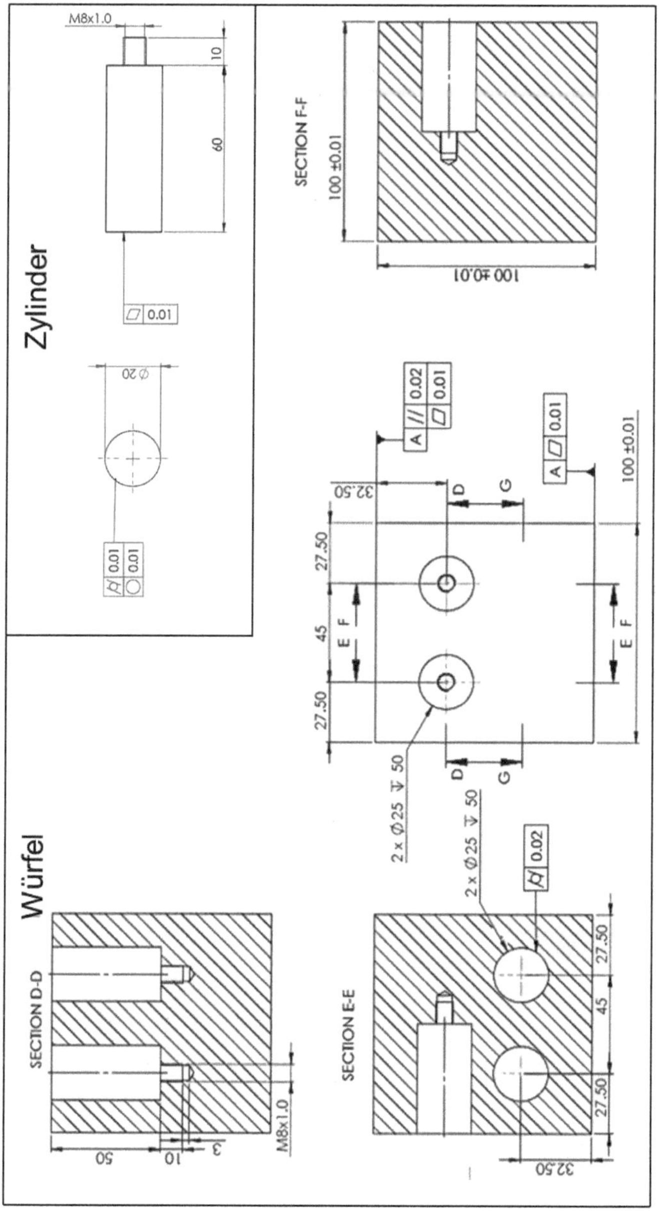

Abbildung 12-1 Technische Zeichnung des CT-Bauteils

In der Reihe **Ergebnisse aus der Produktionstechnik** zuletzt erschienen:

Müller, Tobias:
Modellbildung mittels Symbolischer Regression zur Messunsicherheitsbestimmung komplexer Messprozesse
ISBN: 978-3-98555-146-0
Erscheinungsdatum: 30.01.2023

Kreß, Julian Maximilian:
Erbringung hybrider Leistungsangebote in Wertschöpfungsnetzwerken
ISBN: 978-3-98555-128-6
Erscheinungsdatum: 24.01.2023

Bickendorf, Philipp:
Tribologische und geometrische Auslegung von additiv hergestellten Werkzeug-einsätzen zur Feinblechumformung
ISBN: 978-3-98555-133-0
Erscheinungsdatum: 24.01.2023

Wenning, Marius:
Kontextabhängige Anomaliedetektion zur visuellen Hinderniserkennung für automatisierte PKW im End-of-Line-Bereich
ISBN: 978-3-98555-121-7
Erscheinungsdatum: 19.12.2022

Schlegel, Peter:
Bewertung und Optimierung der Vollständigkeit von Betriebsdaten im Kontext der Fehlerprädiktion
ISBN: 978-3-98555-120-0
Erscheinungsdatum: 18.11.2022

Nienheysen, Philipp:
Werkstattgerechte Schadensanalyse in CFK-Strukturbauteilen mit optisch georteter Ultraschallmesstechnik
ISBN: 978-3-98555-136-1
Erscheinungsdatum: 30.01.2023

Behrens, Jan:
Selbstkalibrierung von 5-Achs-Bearbeitungszentren mit Dreh-/Schwenktisch
ISBN: 978-3-98555-124-8
Erscheinungsdatum: 24.01.2023

Vierschillung, Sebastian Patrick:
Automatisierung der Standortauswahl in der Fabrikplanung
ISBN: 978-3-98555-134-7
Erscheinungsdatum: 09.01.2023

Helbig, Jens:
Typisierung und Auswahl von Referenzstrategien für den Werkzeugeinkauf
ISBN: 978-3-98555-122-4
Erscheinungsdatum: 19.12.2022

Kukla, Christian:
Prozesstemperaturregelung in der laserunterstützten Verarbeitung von faserverstärkten thermoplastischen Verbundkunststoffen
ISBN: 978-3-98555-116-3
Erscheinungsdatum: 19.10.2022

Edition Wissenschaft Apprimus

Kiesel, Raphael:
Techno-Economic Evaluation of 5G Technology for Latency-Critical Applications in Production
ISBN: 978-3-98555-115-6
Erscheinungsdatum: 19.10.2022

Schäkel, Martin:
Adaptiver laserunterstützter Tapewickelprozess für die Herstellung von Druckbehältern aus endlosfaserverstärkten Thermoplasten
ISBN: 978-3-98555-107-1
Erscheinungsdatum: 12.08.2022

Elser, Hannes:
Fähigkeit von Bluetooth Low Energy zur signalstärkebasierten Rückverfolgung von Bauteilen in der Einzel- und Kleinserienfertigung
ISBN: 978-3-98555-099-9
Erscheinungsdatum: 12.08.2022

Busch, Max:
Intelligente Produktionsplanungsprozesse im Werkzeugbau
ISBN: 978-3-98555-095-1
Erscheinungsdatum: 14.07.2022

Fölling, Carsten:
Komplexitätsbeherrschung durch hybride Montageplanung
ISBN: 978-3-98555-090-6
Erscheinungsdatum: 30.06.2022

Ays, Johanna:
Kontextbasierte Integration agiler und plangetriebener Entwicklungsprozesse
ISBN: 978-3-98555-087-6
Erscheinungsdatum: 23.06.2022

Hahn, Viviane:
Bewertung der Wandlungsfähigkeit in der automatisierten Fabrikplanung
ISBN: 978-3-98555-102-6
Erscheinungsdatum: 10.10.2022

Solf, Mareike:
Modellierung der Schleifkraft beim Kegelradschleifen
ISBN: 978-3-98555-106-4
Erscheinungsdatum: 12.08.2022

Henkel, Jérôme
Strategien zur Steigerung der Flächeneffizienz von Fabriken im urbanen Umfeld ISBN
ISBN: 978-3-98555-098-2
Erscheinungsdatum: 27.07.2022

Eßer, Bastian:
Analyse des Betriebsverhaltens von Kugelgewindetrieben unter statischen axialen Betriebslasten
ISBN: 978-3-98555-065-4
Erscheinungsdatum: 11.07.2022

Schulz, Martin:
Optimierung des Temperaturfeldes beim Laserstrahlhärten
ISBN: 978-3-98555-078-4
Erscheinungsdatum: 23.06.2022

Ebade Esfahani, Matthias:
Ontologie der Fabrikplanung mit Hilfe von Building Information Modeling (BIM)
ISBN: 978-3-98555-084-5
Erscheinungsdatum: 07.06.2022

Edition Wissenschaft
Apprimus

FSC
www.fsc.org
MIX
Papier | Fördert
gute Waldnutzung
FSC® C083411

Zeitfracht Medien GmbH
Ferdinand-Jühlke-Straße 7
99095 Erfurt, Deutschland
produktsicherheit@kolibri360.de